JN035600

物理学はまだこんなことが
わかっていない

川久保達之

22世紀アート

はしがき

> 「ふしぎだと思うこと　これが科学の芽です。よく観察
> してたしかめ　そして考えることこれが科学の茎です。
> そうして最後になぞがとける　これが科学の花です」
> ──朝永振一郎

近くて遠くなった科学技術

　20世紀の後半から21世紀にかけては，科学とそれに基づく技術が急速な発展を遂げ，各分野の拡大と細分化に伴って，専門家どうしでも少し分野が違うとその詳細は分かりにくい時代になりました。まして一般の人々にとっては，日常生活のすみずみにまで科学技術の成果が影響を及ぼしているにもかかわらず，その内容とは疎遠な関係になりつつあります。

　たとえば，電車の乗車カードとして利用が普及している Suica や PASMO があります。それを降車駅の改札口でカードチェッカーに一瞬当てただけで，乗車駅を読み取ってそこからの料金を判断してカードの所持者のゲート通過を許し，残金が記録されます。でも，その操作のメカニズムは専門家にしか分かりません。しかし私たちはこれを至極当たり前のこととして受け入れるようになっています。

　このような傾向は，いわゆるサイエンス・フィクションのアニメによっても助長されました。1960年代に創作された「鉄腕アトム」や

70 年代に創られた「宇宙戦艦ヤマト」などのアニメでは，原子力を使った推進力でロボット少年や何万トンもある軍艦が宇宙を飛びまわります。こういった物語は子どもたちに未来への科学的な夢をかき立たせる一方で，描かれていることが何の不思議もなく当たり前に実現できるという錯覚を起こさせる作用もあったと思います。

　この十数年，若い人たちの理科離れが問題になっています。中でも特に物理の人気は低いようです。理科離れの原因のひとつは最先端技術の多くがブラックボックス化して，知的好奇心でその中に入り込もうにも，とっかかりが見えにくくなっていることではないでしょうか。

「なぜだろう」と思う気持ちが大切

　こういう状況を一気に解決する方法があるのかどうか分かりません。ただ，最先端の科学技術でなくても，日常経験する現象の中にまだ解っていない問題がたくさんあって，その中から「なぜだろう」と思う問題を見つけ出し，自分でそれについて考え，自分なりに分かったという気になることが，科学を好きになる一つの方法だと私は思います。自分で実験をすることができればそれに越したことはありませんが，まずはじっくり考えることが大切です。実際に科学に携わっていない人でも，日常当たり前だと思っていることのなかに，問題があることに気づくことが大切な態度です。

　でも，それはときとして，疑問に思うことが見当外れな問題かもしれません。あるいは，科学的な解答があるのかないのか分からない問題であるかもしれません。

　見当外れな疑問というのは，たとえば次のようなものです。私は小学1年生のとき，自動車道路を渡る横断歩道にある信号を見ていて，自動車が止まると，それを感知したかのように横断歩道の信号が赤から青に変わるのを，不思議に思ったことがあります。小学生の私は，車に対しても信号があり，すべてが信号によってコントロールされていることに気がつかなかったのです。横断歩道を渡ろうと待っている人が溜まって，自動車の運転手が人を通してやろうと車を止めると，それを感知して信号が赤から青に変わるのかと思ったわけです。

　次はもう少しマシな疑問です。小学2，3年生の頃，三浦半島の逗子で育った私はよく父親に連れられて海岸に散歩に行きました。そんなある日，「海の波はなぜ起きるの」と父に質問したところ，「風が波を起こすのだよ」という答えが返って来たのですが，「風が陸地から海に向かって吹いているときでも，波はいつも陸地に向かって押し寄せてくるよ」と言って父を困らせたことがありました。当時，子ども心に，「沖に見える伊豆半島の海岸に行ってみたい，きっとそこでは波が沖へ向かって押し出されていくのを見られるだろう」と思ったものです。

「科学的な解答」があるのかないのか分からない疑問の例として，たとえば次の話はどうでしょうか。何人かの女性から「草花に水をやるとき，＜きれいに咲いてね＞と声をかけながら水をやると花がよく咲くのよ」という話を聞いたことがあります。果たして，この話は本当なのか，そして本当だとすればどういうメカニズムがあるのだろうかという問題です。

このように挙げていけば，日常経験する現象の中にも，何気なく見過ごしているけれど，事実なのかどうか確かめるといろいろ興味深いもの，さらには，その現象の背後にある理由や理屈を考えていくと示唆に富むものなど，いろいろありそうです。

いずれにしても「なぜだろう」「なぜかしら」と不思議に思うことは，科学の基本中の基本であり，それはいろいろ身近な現象の中に潜んでいるものと思います。

物理学とは何か

自然界に見られる現象を一般的に探究することは，古代ギリシア以来，自然学（Physica）と呼ばれ，天体の現象から生物の現象まで幅広いものを対象としていました。19 世紀になって，Physics は自然学一般から独立し，現在の物理学と呼ばれている分野に限るようになりました。

物理学は，自然界の現象には人間の恣意的な解釈に依らない普遍的な法則があり，現象とその性質を，物質とその間に働く相互作用によって統一的に理解し，さらに物質をその構成要素に還元して理解することを特徴としていました。この物理学の方法論は，20 世紀に入り，相対性理論と量子力学の構築によって新たな段階に入りました。その結果，物理学は物性物理学，原子核物理学，宇宙物理学など対象別に分化・展開して実質的な成果も生みだし，自然認識のための最も確かな手段・方法であるとの地位を確立しました。

さらに物理学に限界はないとして，化学的な現象や生物的な現象まで，広くその方法論を適用していくことが 20 世紀の半ばには流行

しました。自然科学のあらゆる分野を「物理学的方法論」で覆うことができるとするこうした立場は，「物理帝国主義」と揶揄_{や ゆ}されるほどです。

物理学の研究分野を拡げる必要がある

しかし，20 世紀も終わりに近くなって，「物理学万能」にも翳_{かげ}りが見え始めました。化学には化学反応や触媒作用など個々の物質に固有の現象があり，生物は一つの個体をとってみても分子，細胞，器官などという階層構造をもつ複雑なシステムであり，その合目的的な機能発現などの現象は，物理学が得意とする普遍的な法則によって説明できるものではないということが分かってきました。また一方で，物理学的探究はその役割を終えたという極端な意見まで飛び出し，この立場からは J. ホーガン『科学の終焉』(1996 年；邦訳，筒井康隆監修，竹内薫訳，徳間書店) という過激な書名の本も出版されました。

確かに純粋物理学の領域に限るならば，「暗黒物質の謎」(宇宙空間を目には見えない大量の物質が占めているとしないと，銀河系は飛び散ってしまうはずだとする説) のような常識を覆す大きな問題は残り少なくなりました。あるいは，物質を構成する究極の素粒子がどのようなものであるのか，をめぐるクォーク模型やひも理論など，ミクロな宇宙における課題もあります。

しかし，このような大きな問題でなくても，体系化した物理学の筋道から一歩外れると，まだまだ解らない問題がたくさん，しかも一般

の人にとっても身近なところにあります。本書が扱い，また訴えたいのはこのことで，こうした解けない問題のなかに，未来の物理学ないしは科学が拓かれる可能性がある，ということです。そして，そういう従来の物理の枠組みから外れた問題に関心をもつことが理科好きになるきっかけを作るとも私には思えるのです。

　本題に入る前の「予行演習」として，いくつか例をあげてみましょう。たとえばだれでも知っている「力」です。「力」には「万有引力」や電気的「クーロン力」のように，物質の質量や電荷がそれを取り巻く空間に作る「場」から生じる「力」がある一方で，内燃機関や動物の筋肉のようにエネルギーを消費することによって生み出される「力」があります。実は，後者の筋肉についてはそれがどういうメカニズムで力を発現しているのか解っていないのです。

　かつて，生化学者の大島泰郎先生から

「物理学によれば，物体を持ち上げるときには

　　＜質量×重力の加速度×持ち上げる高さ＞

で与えられるエネルギーを必要とすることになっていますから，逆にいえば，物体をただぶら下げているだけならエネルギーは必要ないはずなのに，なぜ疲れるのですか。物理学に従えば，電車の中で荷物を棚に上げる必要はないことになりませんか」

と訊かれたことがあります。この質問に対し，これは生命現象に関わる問題であって物理の問題ではないという人がいるかもしれませんが，力やエネルギーを取り扱う限り，物理の問題でもあります。

　これもだいぶ前のことですが，日本古代文学の研究者である中西進先生から

「物理学者は，物は力を受けてはじめて動き出すと考えておられるようですね。しかし，古代人は，命あるものは力が働かなくても本来ゆらいでいると思っていました。たとえば，＜蝶々＞は古代では＜ピピル＞といいますが，＜ゆらいでいるもの＞を意味します」
という話を聞いたことがあります。

　力が働けば加速度が生じるとするニュートンの運動法則が間違っているわけではありませんが，ゆらぎ運動が先にあって，その結果として力や機能が現れるというスキームで考えると分かりやすい現象も自然界，特に生命現象にはありそうです。

　この十数年，若い人たちにとって物理学の魅力がどことなく薄れてきたのは，それが日常生活で体験する実感とは無縁のとりつきにくい体系に見える，すなわち，物理学がそのレパートリーをかたくなに守って，現行の形に体系化された物理の原理で扱いにくい問題には手を出そうとしない状況が関係しているのではないかと思うのです。

　そこでこの本では，高校や大学の物理の教科書にはあまり載っていない，いわばはみ出し問題を取り上げて，読者の皆さんと一緒に考えていこうということにしました。ただし，考えるロジックとしては可能な限り物理のロジックに則ったやり方で考えてみました。もちろん，物理学で森羅万象すべてを理解できると思っているわけではありません。「物理的に解るとはどういうことかを考える」と同時に，「物理学の限界」もともに考えたいと思っています。

　取り上げた問題は，疑問の中身が中学生でも分かる種類のものから，ある程度物理の素養をもった大学の学科レベルの人への問いか

けに属するものまであります。提起した問題に対してこう考えれば
よいのではないかという回答を述べたものもあれば，全く回答なし
にただ疑問を投げかけた場合もあります。

　たとえ，私が回答を述べた場合でも私の考えが正しいとは限りま
せん。読者自身で反論も考えて欲しいと思います。

　この本を通して一人でも多くの人に，自然の中に新しい問題を見
つけ，好奇心をもって観察し，実験し，自ら考えていく癖をつけても
らえたら幸いです。

　第9話と第10話はつながった話ですが，それ以外は独立した話題
ですので，興味ある話から読んでいただいてもかまいません。

　なお，本書の書名は『物理学はまだこんなことがわかっていない』
といたしました。大槻義彦氏の著作『物理・こんなことがまだわから
ない』（講談社ブルーバックス，1998）と似た書名となりましたが，
中身に重なるところはほとんどありません。さらに，読者の方々が，
この2作で取り上げた以外の，もっとたくさんの事例を世の中から
掘り起こしていただければと願っています。

目次

はしがき... 3

  近くて遠くなった科学技術.................................... 3

  「なぜだろう」と思う気持ちが大切.......................... 4

  物理学とは何か.. 6

  物理学の研究分野を拡げる必要がある........................ 7

第1話　猫は高い所から飛び降りても怪我しない?........... 15

  中学2年生のころの思い出................................... 16

  5メートルの高さから人が落ちる衝撃力...................... 16

  5メートルの高さから猫が飛び降りる場合.................... 21

  衝突の際の衝撃力を減らすには.............................. 22

第2話　樹木はてっぺんまでどうやって水を吸い上げるのか.... 25

  真空による水の吸い上げは10メートルが限界................. 26

  自然の樹木と植物生理学者の説明............................ 27

  まだ完全には解っていない問題.............................. 29

第3話　磁石はどうして肩こりに効くのか..................... 31

  磁石は肩こりに本当に効くか................................ 32

  磁場による皮膚温度の上昇.................................. 32

  血行がよいとはどういうことか.............................. 34

  肺から末梢組織へ酸素を運ぶヘモグロビン.................... 35

  磁場によるヘモグロビンの酸素結合比率の変化................ 37

  残る大きな課題──「筋肉がこるとは何か」................... 39

第4話　水の上を走る大とかげ............................... 41

君は「バシリスク」の走る姿を見たか 42

「バシリスクの走り」を試算してみる 44

水分子集合体の動的構造の謎 45

第5話　鏡のなかの左右と上下 47

朝永振一郎博士が問題にした「鏡のなかの世界」 48

バスガイドと乗客にとっての左右と上下 49

鏡映によって反転するのは鏡の面に垂直な軸だけ 52

鏡像に対する思い込み 54

議論をまとめると 56

第6話　カエルの眼 57

カエルは動いているものしか見えない 58

人の眼球は止まっているものを見るとき小刻みに動いている . . . 59

動くもののほうがよく見える 60

神経細胞による映像信号の伝達 62

ものが見えるということの不思議さ 63

第7話　電車の架線の中を流れる電子の速さ 65

東京から猪苗代まで電子が行くのにどれくらいの時間がかかるのか

. . . . 66

山手線の電車の架線を流れる電子のスピード問題 66

量子力学で見た「電子の速さとは？」 69

第8話　ゾウリムシにも心があるか？ 71

ゾウリムシの走熱性 72

物理学者の浅はかな知恵 74

ゾウリムシはたくさんいるほど集まりやすい 75

単細胞にも備わっている「感知・判断・行動」機能 78

　　　ゾウリムシと心 80

第９話　吸い込み口のまわりの渦　その１　浴槽から出ていく水は
　　　　左巻きか? 83
　　　北半球では真北に発射したロケットは東にそれる 84
　　　メリーゴーランド上でのキャッチボール 86
　　　地球の自転によるコリオリ力 88
　　　北半球では浴槽の水は左巻きの渦をつくるか 91
　　　コリオリ力は浴槽程度のサイズの流れではほとんど効かない 92

第10話　吸い込み口のまわりの渦　その２　集まる水は渦を巻きた
　　　　がる 95
　　　水槽実験で渦を作る 96
　　　孔に吸い込まれていく水はなぜ渦を作ろうとするのか 100
　　　渦流の単一化過程 103
　　　相転移と対称性の破れ 106
　　　究極の条件下では浴槽にもコリオリ力が効く 107
　　　竜巻と台風の違い 108
　　　ここまでのまとめ 111
　　　竜巻や台風のメカニズムはもっと複雑 112

第11話　自励発振はノイズから成長する 115
　　　ブランコはなぜ揺れるのか 116
　　　自励発振はどうして起きるのか 117
　　　発振はノイズから成長する 118
　　　発振の安定度の目安となるパワースペクトルの幅 122
　　　レーザー発振におけるモードの単一化 124
　　　発振現象は化学や生物の世界にもたくさんある 125

非平衡開放系における相転移現象としてみた自励発振 125

第12話　筋肉を収縮させる生体分子エンジン 127

無生物と生物の違い 128

筋肉を収縮させるミオシンとアクチン 129

ミオシン1分子の運動の観察 132

ミオシンの動的構造変化のシミュレーション 135

ミオシン頭部のランダム振動は一方向に偏る 138

物質とエネルギーと情報 142

第13話　なぜこの世界の現象は不可逆的なのか 145

不可逆的とは何か 146

ニュートンの運動第二法則 146

水中でのインクの拡散 148

3個の球の衝突問題 149

確率過程論 154

時間の矢 155

付録　物理量の大きさを実感する 157

■大きな数と小さな数を表す記号の意味と読み方 161

参考文献 162

あとがき 165

著者略歴 169

第1話　猫は高い所から飛び降りても怪我しない？

中学2年生のころの思い出

　中学2年生だったある日の休み時間のこと，2階の教室に野良猫が迷い込んで来たことがありました。悪童たちは寄ってたかって猫を追いかけまわし，逃げ場を失った猫は開いていた窓から地面まで飛び降り，何事もなかったかのように，逃げて行きました。

　その日は下校の道すがら，この猫の話でもちきりでした。

「2階の窓は5メートルの高さはあるから，人間だったら怪我をしただろうに，猫はなぜ平気なのかな」

「軽いからではないか。蟻を体長の何百倍もの高さである3メートルから落としてみたことがあるけれど，全く平気だったよ」

「本物の自動車は衝突すれば大破するけれど，おもちゃの自動車はぶつかっても壊れないのは，やはり軽いからかな」

「今日の猫もそうだったけれど，猫は高いところから落ちるとき，背中から落ちないで四足が下になるような姿勢で落ちるね」

などなどいろいろな意見が出ました。でも，中学2年生のことですから，地面に落ちる瞬間の衝撃力などの議論にはなりませんでした。

5メートルの高さから人が落ちる衝撃力

　一般に物体が地面に落下するときのことを考えます。地球には重力があって，すべての物体はどこでもほぼ同じ，毎秒9.8メートル/秒ずつ速さが増加するような加速度で落ちていくことが知られています。この加速度のことを「重力加速度」と呼び，gという記号で表します。加速度が一定なので，落ちていくスピードは最初はゼロから

次第に速くなることを意味します。

　落下した物体が地面に激突して跳ね返らずに静止するときは，瞬間的に受ける大きな力によって物体自らが変形したり，地面を変形させる（凹ます）ことによって，それまで物体が持っていた運動エネルギーをすべて変形させるためのエネルギーに変えて静止します。このとき落下物が粘土であったり，地面が砂地のように変形しやすい材質であると，エネルギーは同じでも，受ける衝撃力は小さくなります。人が高い場所から飛び降りて着地するときは，伸びていた膝を曲げるという変形によって，その衝撃をやわらげようとします。

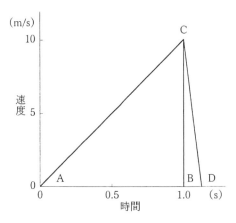

図1-1　5メートルの高さから飛び降りた人の重心速度の時間変化と距離の関係。

　9.8m/s^2 の等加速度運動で落ちた距離を求める式 $9.8×t×\dfrac{t}{2}$ の値は，このグラフでは三角形ABCの面積に等しいことに注目せよ。この値を5mと置いた計算により時刻1.01秒後，足の先が地面に着き，その時の速度は 9.9 m/sとなる（C状態）。同じく，その後のこの人の重心変化（図1-2参照）0.6 mは三角形CBDの面積に等しく，0.12 秒間で重心速度を 0 に戻して完全な静止状態Dになる。

そこでいま，体重60キログラムの人が5メートルの高さから飛び降りて，着地と同時に膝を曲げて衝撃を吸収したときに，地面からどれくらいの力を受けるか，簡単化した力学モデルで計算してみましょう。

まず，5メートルの高さから物を落としたとき何秒かかって地面に着くかを計算します。速さvが毎秒9.8メートル/秒ずつ増加する状況をグラフにすると，図1−1のようにvが時間tに対して勾配9.8で増えていく直線$v = 9.8t$で表せます。t秒後にどれだけの距離を落ちたかは，図における三角形ＡＢＣの面積，$9.8t \times \frac{t}{2}$すなわち$4.9t^2$で与えられます。これが5メートルに等しくなるのは$t = \sqrt{\frac{5}{4.9}}$＝1.01秒後ということになり，その瞬間の速さは$v = 9.8 \times 1.01 = 9.9$m/sになります。

ところで，高い所にある物体は低い所にある物体よりも余分にエネルギーをもっていますが，それは「はしがき」でも書いたように，「質量×重力の加速度×高さ」で与えられ，いまの場合，質量$m = 60$kg，重力の加速度$g = 9.8$m/s^2，高さ$h = 5$mですから

$$mgh = 2940J$$

（J：エネルギーの単位でジュールと読む）

となります。足の先が地面に着く1.01秒後には，このエネルギーが全部運動のエネルギー$\frac{mv^2}{2}$（vは速さ）に変わっていますので，

$$mgh = \frac{mv^2}{2} \quad (1.1)$$

の関係がありますが，着地時の速さはこの式を使っても$v = \sqrt{2gh} =$

9.9m/s と先に求めた値と同じになり，質量 m にはよらなくなります。足が着地した後の短い時間 Δt の間に，この速さを 0 まで落とさなければなりません。それには図 1−2 のように，地面から受ける力 F に対して膝を曲げることによって身体全体の重心の位置を下げながら重心の速さを v から 0 にまで減速させるのです。

　図 1−2 に示すように，ある人の足が着地した瞬間の重心の高さを 103 センチメートル，膝を折ってしゃがんだときの重心の高さを 43 センチメートルとすれば，その差は Δz＝60cm＝0.6m です。ところで，速さ v で動いていた物体が一定の割合で減速し，時間 Δt 後に距離 Δz だけ動いて止まったという場合，速さ v の時間変化は図 1−1 における直線 CD で表され，動いた距離 Δz は図で三角形 CBD の面積で与

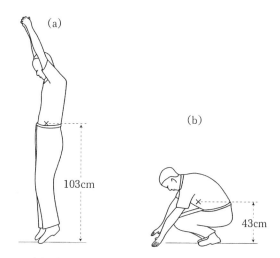

図1−2　（a）高い場所から飛び降りて，足の先端が地面に着いた瞬間の姿勢。
　（b）膝を曲げ背中を丸め手を地面について，重心（×印）がそれ以上移動しなくなった瞬間の姿勢。

えられるので

$$\Delta t = 2 \times \frac{\Delta z}{v} \quad (1.2)$$

となり，今の場合 Δt＝0.12 秒の間地面から衝撃力 F を受けて止まったということになります。

　一方，速さ v で運動していた質量 m の物体が運動を妨げる向きの力 F を時間 Δt の間受けて静止する場合には，「ニュートンの運動の第二法則」から導かれる，「力積（力×作用した時間）」が「物体の運動量（質量×速さ）の変化」に等しいという次の関係式が成り立ちます。

$$F \Delta t = m v \quad (1.3)$$

　足の着地以後，足は鉛直方向には動きませんが，姿勢を変えることによって身体の重心は0.12秒間は動きます。

　結局，身体は衝撃力 F を Δt の間受けて，その重心が止まるのです。（1.3）式の Δt に（1.2）を代入し，さらに（1.1）式を使えば，着地後の短い時間に地面からどんな撃力 F を受けるかは次の式で表すことができます。

$$F = \frac{1}{2} = mg \left(\frac{h}{\Delta z} \right) \quad (1.4)$$

この式から分かることは，高さ h から飛び降りる場合，着地した瞬間から膝を曲げて足の裏から重心までの長さを Δz だけ縮めたとき自分の体重の $\left(\dfrac{h}{\Delta z} \right)$ 倍の衝撃力を Δt 秒間受けるということです。

　体重が60キログラムの人なら $60 \times \left(\dfrac{5}{0.6} \right)$ ＝500kg重の力を0.12秒間受けるということになります。ここで力の単位として「キログラム

重」を使いましたが，正式には（1.4）式に示すように，この値に地球上での重力の加速度 $g=9.8\mathrm{m/s^2}$ を掛けて 4900N（ニュートン）になりますが，ニュートンという単位は直感的に分かりにくいので「キログラム重」の単位を使いました。500 キログラム重の力とは，自分と同じ体重（60 キログラム）の人 8.3 名に乗られたときに受ける力です。

５メートルの高さから猫が飛び降りる場合

　他方，猫が同じ高さ５メートルから飛び降りたときはどうなるでしょうか。この力学モデルによる限り，式は同じ（1.4）式でよいでしょう。

　違いは質量 m と重心の移動距離 Δz です。いま，$m=2.5\mathrm{kg}$ とし，図 1−3 に示すように，猫は空中から着地の瞬間までは四肢を下方に伸ばし，かつ背中を丸くして足の先から重心までの距離を 17 センチメートル，着地後は腹ばいになったときの重心までの距離を７セン

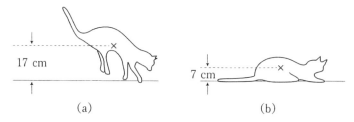

(a)　　　　　　　　　　　(b)

図1−3　（a）高い場所から飛び降りた猫の前脚が着地した瞬間の姿勢。
　（b）腹ばいになり，それ以上重心（×印）が下がらなくなったときの姿勢。

チメートル，その差を $\Delta z = 10\text{cm} = 0.1\text{m}$ として（1.4）を計算してみました。

　その結果は，着地時の衝撃力は体重の 50 倍相当になりますが，体重が人間にくらべて軽いので，受ける衝撃力は 125 キログラム重と人間の場合の半分以下になり，その継続時間は $\Delta t = 0.02$ 秒となりました。

　かつての中学生が議論したように，同じ 5 メートルの高さから落ちても，目方の軽い猫のほうが人間より衝撃力が小さいことは出てきましたが，果たして 125 キログラム重という衝撃力によって猫が足を骨折したり，打撲傷を負ったりすることがないかどうかは分かりません。それには骨の限界強度を知らなければなりません。

　また力を受けるときの効果は単位面積あたりの力（応力という）に直して比較しないと，正確な議論はできないという問題があります。

　衝撃力が働いている間に腹ばいになるなどして地面と接触している部分の面積が変われば，Δt の間 F が一定でも応力は変化することになり，複雑なことになります。

衝突の際の衝撃力を減らすには

　一般に衝突現象はごく短い時間の出来事であり，その上，それに関わる材料の強度や弾性的性質もからむ複雑な問題なので簡単ではありませんが，ともかく物体が何かに衝突して止まるためには，物体が形を変えることによって衝突前にもっていた運動のエネルギーのすべてを変形のためのエネルギーに変換する必要があります。このこ

とを式で表すと（1.4）の最初の等式がそれを意味していて，

衝撃力(F)×変形の大きさ(Δz)＝運動のエネルギー$\left(\frac{1}{2}mv^2\right)$

となり，左辺が変形のエネルギーです。衝突の際の衝撃力 F が小さいためには右辺の運動のエネルギーの中の質量 m が小さいほうが有利であることは，同じ高さから飛び降りた猫とヒトの比較で見た通りです。一方もっている運動エネルギーが同じ場合で衝撃力を小さくするには，変形の大きさΔzをなるべく大きくすればいいことが上の式から分かります。たとえば，ヒトが高いところから飛び降りる場合は空中にいる間は図1−2のように腕を上に伸ばし身体全体の縦方向の長さを大きくし，着地と同時にできるだけ身体を縮めて衝突の前後での変形の大きさを大きくするのが有効です。変形するのは自分だけでなく，衝突する相手の物体が変形してくれてもいいわけで，落下地点に布団やマットのような変形しやすい物が敷いてあればその変形でΔzをかせぐことができます。

　元に戻らない変形，つまりどこかを破損させるしかない場合には，破損してもいい部分の変形をなるべく大きくしてそこに衝撃を集中させることが行われます。自動車のボディーに比較的薄い鋼板が使われるのは，衝突した際にぶつかった部分だけが壊れ，そこで衝撃を吸収するためだと聞いています。どこもかしこも頑丈に作るとかえって危険で，乗っている人がハンドルやフロントガラスに胸や頭をぶつけて大けがをしたり命を落とすことになります。衝突の際のダメージをどうやって小さくするか，これは大事な問題で物理としても面白いテーマです。

第2話　樹木はてっぺんまでどうやって水を吸い上げるのか

真空による水の吸い上げは 10 メートルが限界

　低い場所にある水槽内の水を，真空ポンプを使って，パイプを通して高い位置まで吸い上げるとしましょう。実際には，真空ポンプは水が入るとすぐ壊れるのでこんな実験はやりませんが，仮にやったとしても水を吸い上げるその高さは，10.33 メートルが限度です。それはなぜなのか，まず考えてみましょう。

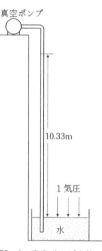

図2-1　真空ポンプを使って水槽内の水を高い場所に引き上げる。1 気圧と釣り合うには，水は 10.33 メートルまでしか上がらない。

　パイプ内の空気をポンプで引いて 0 気圧の真空にしても，パイプ内の水を押し上げる圧力は水槽の水を外から押している 1 気圧の大気の圧力しかありません（図 2-1）。大気圧は地表から成層圏までの空気の重さがもたらしているもので，場所や高度によっても違いますが，高さ 760 ミリメートルの水銀柱がもつ圧力と同じ気圧を大気圧の標準値，1 気圧と決めています。水銀柱のこの圧力を水柱の高さに換算します。すると，水銀の密度が 13.6 グラム/cm³，水の密度はもちろん 1.0 グラム/cm³ ですから

$$h＝76cm×13.6÷1＝1033cm＝10.33m$$

となります。

　図 2-1 に示す模式図のように，高さ 10.33 メートルの水の圧力と成層圏までの空気がもたらす 1 気圧の圧力がちょうど釣り合って，水はそれ以上の高さには上がらないのです。

　それでは 10 メートルを超える高層マンションでは，どうやって水を上層階まで上げているのでしょうか。水道局から送られてくる水は平均で 2 気圧の水圧がかけてあるため 4 階程度の高さまでは届くそうで，ひとまず 4 階にある受水槽に水を溜めます。そこからは羽根車を高速回転させることによって水を吸い込み上部へ吐き出す揚水ポンプを使って屋上にある高架水槽まで押し上げ，高架水槽から各階に給水しているようです。

　つまり高速回転する羽根車によって水にエネルギーを与えて高い所まで押し上げているのです。

自然の樹木と植物生理学者の説明

　それでは自然の樹木はその高さが 10 メートルを超える場合，どうやっててっぺんまで水を吸い上げているのでしょうか。

　植物生理学者によると，おおよそ次のような説明が定説となっています[1]。

　植物はまず，根の細胞が浸透圧によって土壌内の水を吸収します。浸透圧とはなんでしょうか。水分子は通すけれど大きな分子は通さない半透膜を挟んで，濃い溶液と薄い溶液を接触させると，薄い溶液から濃い溶液へ水が移動します。このとき移動する水に働く圧力を浸透圧といいます。一般に細胞を包んでいる膜は半透膜でできているので，この場合も根の細胞が土壌内の水を吸収するのです。根で吸収された水分は，幹の中に縦に並んだ無数の導管内を上昇します。しかし根が水を押し上げる力はそんなに大きなものではありません。

　1 本の導管の太さは樹木の種類によって違いますが，たとえば，大

きくなると高さが 15〜25 メートルにも成長する樫類では, 直径が 0.25 ミリメートル程度だと言われています。導管は上に行くにつれて分岐し, 枝や葉の中にも張りめぐらされていて, 根からの水を供給する通路になっています。

さてそこで問題は, この導管内をなぜ高い木の上まで水が上がっていくのかということです。それは植物の葉がもつ水の蒸散作用の結果生じる別の大きな浸透圧によるというのです。

樹木では, 主に葉の裏側表面の組織細胞から大気中へ水が蒸散 (太陽光の照射量, 温度, 湿度などに応じて水の排出量が制御されている蒸発現象) することによって細胞内の水分が減り, 表面細胞中の溶液濃度が高まると, 隣接する内側の細胞からの浸透圧が増加するため, 表面細胞が内側の細胞から水分を吸い込みます。そしてさらに同じような浸透圧の上昇が葉の中央を走る導管との間にも起こり, 導管からの吸水を引き起こします。葉の中で表面細胞が導管から水を吸収するということは, 表面細胞内の水圧が導管内の水圧にくらべて低いことを意味し, これを「負圧」と呼んでいます。

葉の導管は枝や幹の導管を通して根までつながっており, その中は凝集力の大きな水ですきまなく満たされているので, 葉の蒸散による大きな負圧は, 導管内の水全体を引き上げ, 結果的に負圧が根にも及んで土壌から水を吸収することになります。この場合, 導管内の水の柱が切れないことが重要で, 水の大きな凝集力がそれを可能にしているとのことです。

要約すると, 根に接している土壌内の水の圧力を基準にすれば, 導管内の水圧はすべて負で, その負圧を生み出すポンプの役割を担っ

ているのは葉の蒸散作用であるということになります。

まだ完全には解っていない問題

　問題は，蒸散によって生じる負圧が，何十メートルもの高さまで水を引き上げるほど大きいものかどうかです。米国，カリフォルニア州に分布するセコイアは高さが 50〜100 メートルもある巨木です。100 メートルの高さまで水を吸い上げるには−10 気圧の負圧が必要で，葉からの蒸散によって減少した水の補填をするだけに過ぎない浸透圧が，そんな大きな値をもたらすのは「本当かな？」という気はします。

　しかし，どんなに高い木でもてっぺんまで水を吸い上げていることは間違いありませんし，ブナの木の幹に聴診器をあてて聴くと，晴天の日には幹の中を水が勢いよく流れる音が聞こえるという事実があって，導管内の水の上昇が葉からの蒸散と関係していることは確かでしょう。しかしいずれにしても，まだ完全には解っていない問題で，物理学者ももっと関心を持っていいテーマだと思います。

　放射線計測の専門家であり，現在，日本原子力機構客員研究員である永井泰樹氏にこのことを話したところ，ラジオアイソトープを使って導管内を水が上昇する様子を調べることを提案されました。水の流速を詳細に調べれば，根から葉までのどこに大きな圧力勾配があり，どこに流れに対する抵抗があるかなどが分かるでしょう。物理として面白い問題だと思います。

第3話　磁石はどうして肩こりに効くのか

磁石は肩こりに本当に効くか

　肩こりや腰痛に，小さな磁石を貼ったり当てたりして治す磁気治療商品が市販されています。私も60歳前後から肩こりが始まりましたが，その頃すでにこの種の商品を使っていた家内から「効くからだまされたと思って使ってみたら」といわれて試してみました。いやしくも物理の研究教育を生業としている者が，理由も分からずに使うことははばかられるという気持ちで逡巡しながら使ってみたのですが，確かに効くようなのです。

　そこで，ひとまず医療の立場を離れて，磁場が人体に対してどういう物理的効果ないしは化学的効果を生み出すのか，実験してみることにしました。

　たまたま卒業研究で研究室にきた女子学生が，以前に自動車の追突事故で軽い「むち打ち症」になり，磁気治療器も使ったことがあるので調べてみたいと言って，このテーマを選んでくれましたので，一緒に取り組んだのです[1]。

磁場による皮膚温度の上昇

　一般に生体内の各部位の活動は物質の化学反応によって起きるもので，それを代謝作用と呼びます。末端組織の代謝作用の中には，血液によって肺から送られて来る酸素の供給が欠かせないものがあります。そのような組織の代謝作用が，はたして磁場によって活性化されるのかどうか，その目安として皮膚温度を測定することにしてみました。

　用いた永久磁石は，ネオジウム—鉄—ボロンの合金でできた磁束

密度が 0.45 テスラの直径 22 ミリメートルの円板状磁石と，磁束密度が 1.2 テスラの一辺 25 ミリメートルの正方形板状磁石です。磁束密度とは，磁場の強さを表す物理量で，単位は T（テスラ）を用います。ちなみに，市販されている磁気治療器の磁束密度は 0.1 テスラ程度で，それに比べるとかなり強い磁石です。

　学生や学園祭に来たお客さん，合わせて 12 名の人に被験者になってもらい，肩や腕などに上に述べた 0.45 テスラの磁石を 5 分間接触させたとき，皮膚温度がどれほど変わるか，サーモグラフィーという物体の表面温度を色分けにして観測できる装置で調べました。その結果は人により，また，身体の部位により違いがありますが，磁場にさらすと皮膚温度が 0.4〜1.2℃上昇することが分かりました。

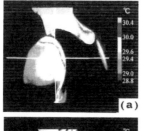

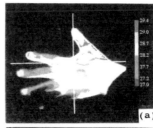

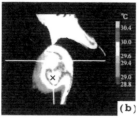

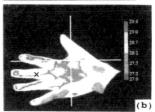

図3−1　磁場をかける前 (a) と磁場を×印の部分に 5 分間かけた後 (b) の左上腕部の温度分布の違い。上部に，左後ろから見た首が見える。

図3−2　磁場をかける前 (a) と磁場を中指第 2 関節の×印の部分に 5 分間かけた後 (b) の左手の甲の温度分布の違い。

図3−1は左上腕部を対象にした例で，(a) は磁石を皮膚に接触させる前，(b) は磁束密度 0.45 テスラ，直径 22 ミリメートルの円板状磁石を×印のマークの部分に5分間接触させた後の皮膚温度の分布です。この図の (a)，(b) での色分布の違いを見ると，磁石を5分間接触させた部分を中心に皮膚温度は 0.6℃ほど（黄色からピンクへ）上昇しているのが分かります。

　さらに図3−2は普段は比較的温度の低い手の指への磁場効果を調べたもので，左手中指第2関節の×印のマークの部分に今度は磁束密度の大きな 1.2 テスラの磁石を5分間接触させた場合の温度分布の変化です。磁場をかける前の (a) に比べて (b) では，中指や人差し指，薬指の温度が 1.2℃ぐらい上昇しています。皮膚温度の上昇は，その部分の末梢組織内での代謝作用が活性化していることを示唆しています。

血行がよいとはどういうことか

　それでは磁場によって代謝作用が活性化されるのはなぜか。それは磁場が血行を促進するからであると考えられているようです。

　ところで，血行とはどういうことでしょうか。血の流れがよい，血の流れが速い，すなわち単位時間に血管内の各点を通過する血液の量が多いということになります。ところで，肺から末梢組織への酸素の輸送は，血液中の赤血球に含まれているヘモグロビンというタンパク質が担っているので，血の流れが速くなれば酸素の供給量が増え，代謝作用が活性化されることは頷けます。

　そこで皮膚の外から血管内の血液の速度を測れる超音波流速計と

いう装置を使って，磁場をかけた部分の血流の速度が速くなるかどうか調べてみました。しかしその結果では，磁場による血流速度の変化はほとんど観測されませんでした。

　そもそも動いている血液中の荷電粒子に磁場をかけたときに働く力は「ローレンツ力」と呼ばれ，作用する力の方向は粒子の運動方向（血液が流れる方向）と磁場方向の両方に垂直な方向です。ですから流れている血液に磁場をかけても血管を押し広げるような力が働くことはあっても，血流を直接加速や減速する力は働かないはずなのです。もっとも血管が押し広げられれば，血液が通りやすくなるということがあるかもしれません。

肺から末梢組織へ酸素を運ぶヘモグロビン

　血流が磁場によって直接的に加速されていないとすれば，いったい何が起こっているのでしょう。

　まず，肺から筋肉や脳などの末梢組織へ酸素を運ぶ赤血球中のヘモグロビンというタンパク質は，それぞれが鉄の2価イオンを含む四つのサブグループから成っています。それらの鉄イオンは大きな磁気モーメントをもっています。一方，運ばれる酸素分子O_2の一番外側の分子軌道にある二つの電子のスピンは同じ方向に揃っており，酸素分子もまた一つ一つが小さな磁気モーメントをもっているので，ヘモグロビンの四つのサブユニットに酸素分子が一つずつくっついて運ばれると想像できます。

　その際，ヘモグロビンに酸素が吸着する度合いを表す酸素結合比率（全体のヘモグロビンに対する酸素と結合しているヘモグロビン

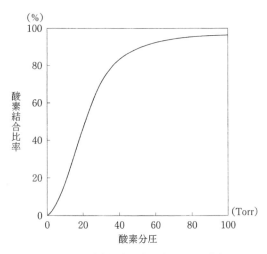

図3-3　ヘモグロビンの酸素結合比率は酸素分圧に依存する。

の割合）は，酸素分圧に対して図3-3に示すようなS字型の曲線を
描くことが知られています。このS字型カーブは，ヘモグロビンが酸
素分圧の高い肺ではたくさんの酸素を吸着し，筋肉など酸素分圧の
低い（20〜30Torr：「トル」と読み，真空度を測るときによく使われ
る圧力の単位で，17世紀のイタリアの物理学者トリチェリの名に因
んだ単位，1Torr＝1mmHg，したがって1気圧は760Torr）末梢組織
にいくと急激に酸素を放出して代謝作用に参加させる，という非常
にうまい効果をもっています。

　ヘモグロビンは酸素の運び屋として，なぜこのようなうまい仕組
みをもっているのか，難しい問題ですが，おおよそ次のようなモデル
が考えられています。ヘモグロビンの四つのサブユニットの一つ一
つは本来，酸素分子と結合しにくい立体構造をしていますが，どれか
一つのサブユニットが酸素分子と結合すると，その影響で他のサブ

ユニットの立体構造が別の酸素分子と結合しやすい形に変わり，三つのサブユニットが次々に酸素分子と結合するというモデルです。それによって図3－3に示すような非線形のS字型カーブが出てくるのです。

　その上，このS字型カーブは血液中の二酸化炭素（CO_2）の濃度が増加すると下方向にずれる，すなわち酸素分圧が同じでも酸素を解離しやすくなるという事実が知られています。末梢組織での代謝作用にとって都合のよいこの効果を，発見者C.ボーア（原子物理学者N.ボーアの父）の名をとって「ボーア効果」と呼んでいます。

　一般にタンパク質はその一部に特異物質（基質という）が結合することにより，同じタンパク質の別の部位の活性度が増す例が多いのです。このことは，「アロステリック（ギリシア語：allos 他の＋stereos 空間）効果」と呼ばれ，タンパク質の機能をもたらす重要な性質なのですが，そのメカニズムの本質はまだよく解っていないのが本当のところです。

磁場によるヘモグロビンの酸素結合比率の変化

　さて，本題に戻って，磁場によってなぜ皮膚温度が上がったのでしょうか。血液の流れが速くなって供給される酸素量が増えたのではないとすれば，磁場中ではヘモグロビンは結合している酸素の一部を解放し，その結果，自由になった酸素が増えるのではないかと考えられます。

　そこで，酸素と結合しているオキシヘモグロビンと酸素と結合していないデオキシヘモグロビンの吸光度の違いから，局所的に血液

中のヘモグロビンの何パーセントが酸素と結合したオキシヘモグロ
ビンであるかを表す酸素結合比率を測れる器械を使って磁場の効果
を測ってみました。この器械は，登山で高山病に罹っていないかを診
るために，簡単に血液中の酸素量を測る装置と同じ種類のものです。

　図3−4は手の親指と人差し指の間の付け根の部分（肉が薄いので
透過光強度を測りやすい）に，1.2テスラの磁場をかけたときのヘモ
グロビンの酸素結合比率の変化を示したものです。被験者の心理的
な偽薬効果（プラシボ効果）を避けるため，ダミーとして磁石と同じ
サイズのアルミニウム片も接触させてみました。アルミニウム片で
はヘモグロビンの酸素結合比率はほとんど変化せず，1.2テスラの磁
石に対しては接触の5秒後には大きく減少すること，そして磁石を
外すと，数十秒かけて元に戻ることが分かりました。

　結局，外部磁場は小さな磁石である酸素分子を運び手であるヘモ

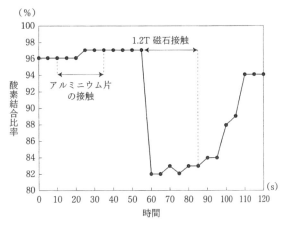

図3−4　手の親指と人差し指の間の付け根部分で測ったヘモグロ
ビンの酸素結合比率の磁場効果。最初は皮膚にアルミニウム片を
接触，55秒後に磁石を接触，85秒後に皮膚から離した場合の変化。

グロビンから解離させる作用をもち，その結果，磁場をあてた部位では，自由な酸素が増加して代謝作用が活性化するのであろうと思われます。

　しかし，磁場の効果として考えられるメカニズムはほかにはないのでしょうか。

　図３−２で示した磁場による手の指の温度分布の変化では，磁石を接触させた中指だけでなく人差し指や薬指さらに手の甲など，広範囲にわたって皮膚温度が上昇しています。強い磁石は周辺の広い範囲にわたって磁場をつくるので，鉄イオンの大きな磁気モーメントをもつヘモグロビンが磁石のある場所に引き寄せられ，付近一帯での酸素の量も増えて代謝作用を盛んにさせている可能性があります。ヘモグロビンの集積によって酸素の総量が増えることと，そのうちのヘモグロビンから解離する酸素の割合を増やすという図３−４の結果は別のステップなので，これら二つの効果が相乗して酸素の代謝作用を促進しているのではないかと考えています。

残る大きな課題——「筋肉がこるとは何か」

　ここまで不十分ながら何が起こっているのか推測をめぐらすことができました。しかし，その先の生理学的な現象，すなわち「筋肉がこる」とは物理的あるいは化学的にはどういうことなのか。さらに，その「こり」が磁場によって緩和されるのが，図３−４で示したようなヘモグロビンから解離された酸素の増加による代謝作用の活性化であるのかどうかまでは分かっていません。

「こり」にもいろいろな原因があり，長い時間同じ姿勢で作業を続け

たときなどに起こる筋肉の「こわばり」はその一つで，その場合は長時間の筋肉収縮がもたらしたエネルギー代謝生成物である乳酸などの除去が滞って蓄積されるためであるといわれています。そしてその治療法としては収縮した筋肉の緊張を解き，エネルギー代謝生成物を除くことが必要で，それにはマッサージや入浴などによって血液循環を増加させ代謝作用を高めるのが効果的であるといわれています。磁場によって「こり」が緩和されるのは確かなようですが，それがここで話題にしたヘモグロビンからの解離による酸素の増加によるものなのか，あるいは検証はしていませんが，先にその可能性について触れた磁場による「ローレンツ力」がもたらす血管拡張が起こってのことなのか，いまのところ分かっていないのが実情です。

　いずれにしても将来の問題として，筋肉の「疲労」あるいは「痛み」とは物理，化学的に何が起こっていることなのか，さらにその治療の手段として磁場をかけること，あるいはもっと広く利用されている鍼灸による治癒のメカニズムなどは臨床医学と物理学が提携して解明すべき問題だと思います。

第4話　水の上を走る大とかげ

君は「バシリスク」の走る姿を見たか

　子供のころラジオで聴いた漫才に，「水の上を走る方法を教えようか。右足が水に沈まないうちに左足を前に出せばよく，その左足が水に沈まないうちに右足を前に出せばいいのさ」というのがあり，「そんなことはとてもできるはずがない，バカバカしいことを言っているな」と子供心に思ったことを憶えています。

　ところが最近になって，びっくりする映像を目にしました。NHKテレビで南米のコスタリカに棲むトカゲが水の上を走る姿を放映したのです[1]。ユーモラスなこの姿はとても評判になりました。「バシリスク」（図4−1）と呼ばれるこの大とかげは大きいもので体長が80センチメートルもあり，NHKが開発した1秒間に100万コマ撮れるウルトラハイスピードカメラがとらえた映像によると，2本の後ろ脚を交互に動かして1秒間に20歩進み，片脚が1回ごとに水中に入っている時間は0.052秒だそうです。

　脚を目にもとまらぬ速さで動かして水の上を走るこの大とかげの姿を，13年かかって写真に撮ることに成功した動物写真家嶋田忠氏によると，代表格であるグリーンバシリクスの大きさは，いずれも成

図4−1　水の上を走る「バシリスク」の映像から模写。

体で，オスが体長 70〜80 センチメートル，体重が約 300 グラムで，メスは体長 60 センチメートル，体重が約 150 グラムだそうです [(2)]。

一方，ハーバード大学の研究者 [(3)] は別の小さな種類のバシリスクを飼い，彼らが水の上を走るときの後ろ脚のもも，すね，足先の 3 次元的な動きを詳細に測定し，その結果，足を高く上げた後，横に大きく張り出しながら水面をたたいて水に突っ込み，脚全体で水をかいて前進し，素早く水から脚を抜いて元の位置に戻る運動であるこ

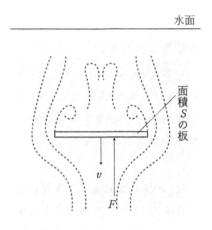

図4−2　水中で面積Sの板が面に垂直に速さ v で運動するとき，板が水から受ける抗力を F とすると……。

とを明らかにしました。重要なことは水からの大きな反発力を生み出す動きのようです。大きな反発力を受けるには速いスピードで水面をたたく必要があります。高飛び込みの台からプールに飛び込むとき，間違って水平の姿勢のまま水に落ちると，水から胸や腹が張り裂けそうなほど強いショックを受けますが，それは水の中を猛スピードで分け進もうとするときに生じる強い抗力 F によるものです。その抗力 F の大きさは密度 ρ の水の中を，面積 S の板状の物体が板面に垂直な方向に速さ v で進む（図4−2）ときは第1近似として

$$F = \left(\frac{1}{2}\right) \rho \upsilon^2 S \quad (4.1)$$

で与えられます。

　いま試みに（4.1）式を使って，バシリスクが自分の身体が一瞬の間沈まないように支えるには，後ろ脚をどのくらいの速さで水にたたきつければよいか計算してみることにしましょう。

「バシリスクの走り」を試算してみる

　まずバシリスクの体重として，成長したオスのグリーンバシリスクの体重を選び，300グラム（＝0.3キログラム）としました。すると，支えなければならない重力 F は体重に重力の加速度9.8メートル/s^{2}を掛けたものなので $F = 2.94$N（ニュートン）になります。次に水をたたく片側後ろ脚の足の裏の面積を $S = 2.4 \times 10^{-4}$ 平方メートル（㎡）と仮定しました。水の密度は $\rho = 1000$ キログラム/㎥なので，これらの値を（4.1）に入れて υ を求めると，$\upsilon = 4.9$ メートル/s となります。水中でこの速さを出すには，空中から水面をたたきつけるときの速さをもう少し速くしなければなりません。それを2割増しの6メートル/s とします。この速さは足を12センチメートルの高さから水面まで0.02秒で振りおろせばよいのですから，十分可能な速さだと思います。

　ハーバード大学の研究者による水中での脚の動きの解析結果を参考にすると，足の着水後すねを伸ばすことによってほんの短い間真下に水を蹴って体重を支え，次に脚を持ち上げながら後方に水をかいて身体を前進させた後，水から足を引き抜くことを0.05～0.07秒

の間にやっています。これを左右の脚で繰り返して水の上を走るのです。

　結局バシリスクは左足を激しく水中に突っ込み，それによって生じた水の抗力が体重を支えている間に水をかいて前進し，同時に空中にある右脚を前方に回転させて左脚でやったと同じように水面をたたきつけながら着水させる，これを1秒間に両脚合わせて20回繰り返しているのです。その間空中にある2本の前脚と水に触れたままの尻尾は左右のバランスをとっているようです。

水分子集合体の動的構造の謎

　さて，以上の話では水についてのマクロな流体力学を使って考えてきました。水の中でのマクロな物体の運動を扱うにはこれでいいのですが，一般に物体が水中を運動するときに受ける抵抗力が速い速度になってくると急激に増加するのは，ミクロなレベルでの水分子集合体の動的構造に起因するのだと思います。

　水分子の一つ一つはH－O－Hで成り立っていますが，液相の水ではたくさんのH_2O分子が水素結合によって連結されたクラスターを形成し，しかもそのクラスターは固定的なものではなく短い時間間隔で離合集散を繰り返していると考えられています。そのため，その離合集散する短い時間間隔よりさらに短い間に物体がクラスターに分け入って突っ切ろうとすると，大きな抵抗を受けることになります。

　周期律表で酸素周辺にある他の元素の水素化合物に比べて，水の沸点・融点が高く，しかも表面張力が大きいのは，このクラスターの

形成によるものだと考えられています。けれども，その時間的・空間的動的構造の詳細はまだよく分かっていない謎のようです。

　そもそも原子あるいは分子が規則正しく結合してできている「固体」と完全にバラバラな状態で飛び交っている「気体」との中間体として，原子や分子が付かず離れずの状態でいる「液体」というものがなぜ安定に存在するのか，考えてみれば不思議な気がします。しかもその液体のなかでも特異な水が豊富に存在することによって，地球はこのように多彩な生物を育むことができたのだといえるのです。水は大いなる謎を秘めているようです。

第 5 話　鏡のなかの左右と上下

朝永振一郎博士が問題にした「鏡のなかの世界」

　私は私立の文系学部の学生を相手に，一般教養として科学史の講義を受け持っていましたが，毎年，授業を始めるに当たり次のようなことを言っていました。

　「これからやる授業では，科学に関する歴史上の発見や発明の話がたくさん出てくるが，片々たる歴史上の事実を暗記するのではなく，科学的な考え方を学ぶように努めて欲しい。科学で大事なことは暗記ではなく，自分の頭で考えることなのだから」

　こう言ってから，ここで取り上げる「鏡のなかの不思議」の話を紹介していました。

　それはプラトンの時代からある古典的な問題で，かの朝永振一郎博士も『鏡のなかの世界』(1)という随筆で取り上げています。「鏡に映る映像の世界では，上下はそのままなのに，たとえば自分の左の胸ポケットが映像の人物にとっては右にあるように，左右が逆になっているのは何故だろう」という問題です。

　戦前，朝永博士が理化学研究所におられたとき，ある日の昼食後の雑談で，ひとりの研究員がこの問題を取り上げて，「鏡に映った世界は，何も右と左とが逆にならねばならぬ理由はない。たとえば上と下とが逆になったように見えてもいいはずだ」という疑問を提起したことから議論が始まったそうです。

　それに対し，たちまち次のような議論が起こりました。

　「幾何光学によれば，鏡の前に立った人の顔から鏡に向かって引いた垂線の先に顔が映り，足から引いた垂線の先に足が映っていて，顔の向こう側に足が映ることはないのだから，上下は逆になることは

ない」

「それをいうなら左右についても同じことではないか。右手から鏡に向けて引いた垂線の先に右手の像があり，左手の先に左手の像があり，右手の先に左手が映っているわけではない。だから，左右の逆転は幾何光学では説明できない」

　そうならば，これは人間心理の問題ではないのか，という議論も起こりました。

「重力場の存在が空間の上下の次元を絶対的なものにしているからだろう」

「人間の身体は上下に非対称であるが，左右にはほぼ対称だからだ」

「人間の身体が縦に長いからではないか」

など甲論乙駁いろいろな珍説が出されたけれども結局結論には至らなかったとあります。

　この問題はその後も物理学者の間で話題にされ，戸田盛和博士はその著『物理と創造』[2] の中で「左右が逆になると思うのは，鏡の向こう側へまわった自分を想定して，これと鏡のなかの自分を比較した，心理的空間の性質によるものらしい」と論じられました。最近でも「日本物理学会誌」の会員の声欄[3][4] で議論が交わされています。一方，認知心理学のテーマ[5] にもなっているようです。どうやら幾何光学や立体幾何学だけで解ける問題ではなく，言葉の定義や認知心理学も絡む問題のようです。

バスガイドと乗客にとっての左右と上下

　ここでまず，左右と上下という言葉がもつ意味の曖昧さを考える

ことが必要です。

　自分自身と鏡のなかの自分の映像との関係ではなく，観光バス内でのバスガイドと乗客のように，相対する人どうしの関係に置き換えた場合について考えてみます。

　たとえば，バスガイドは自分の右手に見える東京タワーを指さして，「皆様の左手に見えますのが東京タワーでございます」と自分が認識している方向とは逆の方向を意味する言葉を使います。しかし，網棚の上の荷物を注意する際には，「上の網棚のお荷物が落ちないようにお願いいたします」と，乗客にとっても同じ「上」という言葉を使います。

　これと同じことは，グラウンドでラジオ体操をするときに，台の上に立ってラジオ体操を指導する体育教師（ないしは体操指導員）は，対面する生徒諸君に対して左右の動きだけ逆にすることで，リードします。

　対面している2人の人にとって，左右は逆なのに上下は同じであるというのは，ごく当たり前のようですが，少し考えてみると実に不思議なことです。日頃何気なく使っている「左右」と「上下」という言葉の背景に，やや違った意味合いが隠されているからなのではないでしょうか。それを，図でもって示してみます。

　地上で生活している私たちは，方向を指し示すのに2種類の方位表現をもっています。一つは各個人に固定した座標系で，図5-1(a)に示すように，日本人なら通常茶碗を持つ手のある側を「左」，箸を持つ手のある側を「右」，胸が面している側を「前」，背中が面している側を「後ろ」，頭のある方向を「上」，足のある方向を「下」と定義

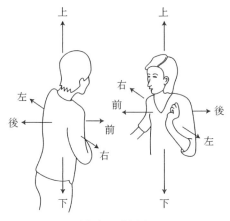

（a）個人座標系

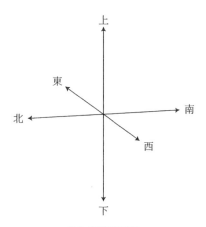

（b）環境座標系

図5−1（a）個人座標系：それぞれの人に固定した座標系「左右
前後上下」。
　（b）環境座標系：土地に固定した座標系「東西南北上下」。

しています。これを「個人座標系」と呼ぶことにします。

　一方，もう一つの座標系は図 5−1（b）に示すような，その土地に

固定した方位を表す「東西」「南北」と地面に垂直な「上下」の軸で定義されるもので，だれにとっても共通な座標系です。これを「環境座標系」と呼ぶことにしましょう。

「個人座標系」を使う場合は，その人がどちらを向いているかによって左右と前後の方向はまちまちになりますが，人が正立あるいは上体を起こして座っている限り，「個人座標系」の上下と「環境座標系」の上下の方向は一致していてだれにでも共通なのです。これは物心ついてからずっと，直立2足歩行で生活するヒトが生み出した言語習慣なのではないでしょうか。

　したがって寝ている病人に「頭の上にある物」といわれたときは身体を延長した頭の先にある物なのか，頭から見て天井の方向にある物なのか，一瞬迷ってしまいます。

　ましてや無重力空間で生活する宇宙飛行士にとっては，基準になる「環境座標系」がなく，共通の「上下」概念もないと思うので，どういう風にしてお互いが，方向のコミュニケーションをとるのかぜひ知りたいところです。だれかご存知の方がいらしたら，ぜひ教えてください。

鏡映によって反転するのは鏡の面に垂直な軸だけ

　以上は，相対する人どうしの場合の話で，この章で問題にする鏡に映る自分の像の話ではありません。

　ところで，幾何光学によると，物体を鏡に映した時にできる像は，元の物体を鏡に垂直な軸に対して反転させたもので，右手の親指と人差し指と中指を図5-2（a）のように直交させたものを考え，人差

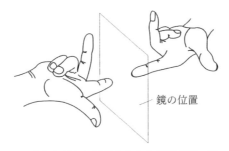

（a）右手と左手が向き合う鏡映関係の図

（b）右手同士が向き合う図

図5-2　（a）本体と鏡に映る像との関係は，人差し指同士が向かい合った右手と左手の関係と同じで，鏡の面に垂直な座標軸（人差し指）だけが反転する。
　（b）像として自分自身が鏡の向こう側へ行ってこちらを向いた姿を想像するのは，右手と右手を向かい合わせた関係で，人差し指だけでなく親指の向きも逆転する。

し指が鏡と垂直になるように置くならば，その鏡像は図のように，左手の直交する3本の指で表されます。

　鏡に垂直な人差し指の向きは右手系と左手系では逆になっていますが，親指の方向と中指の方向は逆転しておりません。つまり，鏡のなかの世界では前後だけが逆転していて，上下，左右は共に逆転していないのです。

ここで，勘違いしてはいけないことは，鏡に映るのは，図5−2 (b) に示すような右手が鏡の後ろ側に回ってできる像ではない，ということです。

鏡像に対する思い込み

　左右を区別するために，私の左手首に腕時計をはめて，鏡の正面に立ちます。鏡に映った相手の姿をじっくり見てみましょう（図5−3）。現実世界での私の頭も，鏡のなかでの相手の頭も上のほうにあります。そしてまた，現実世界での左手の腕時計も鏡のなかでの腕時計も同じように左側にあります。

　にもかかわらず，鏡のなかの像が右手に時計をはめていると判断するのは，先に長々と述べたように，自分と相対している人にとっては左右の向きが自分とは逆になっているはずだという先入観に基づいているようです。

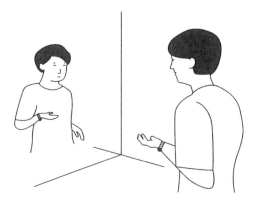

図5−3　実物と鏡に映った姿。左手首にはめた時計の映像は，こちらから見れば同じ左側にある。

　つまり鏡に映っている自分の像は，自分が鏡の向こう側にいって180度回転した姿であると想定し，バスガイドが乗客に対するのと同じように，鏡の向こう側にいる「自分」の気持ちを思いやって，こちらの自分から見た左方向は，鏡の向こう側の相手にとっては右方向のはずだと思い込んでいるので，鏡像は右手に時計を付けていると判断するのです。

　図 5−2 に戻って説明するならば，右手とその鏡像の関係は（a）のように向かい合わせた右手と左手の関係であるにもかかわらず，私たちは（b）のように同じ右手どうしを向かい合わせた関係であると思い込んでいるのです。しかしながら，鏡のなかの像は実在の自分を移動と回転させるだけでは作り出せないバーチュアルな姿なのです。

　それではなぜ左右だけが逆になっていると思い，上下が逆になっているようには見えないのでしょうか。それは先に述べたように，私たちが重力場の中で生きているために，上下の方向がすべての人に共通で，2人の人が向き合う時に上下逆さまになって向き合うことがないからだと思います。

　仮に人類が一生を無重力空間で生きているとしたら，上下方向はすべての人に共通な方向ではなくなりますが，その場合でも人は意思を伝え合うときは互いに各自の上下の方向を平行に揃えた姿勢で会話をする習慣ができるのか，それとも全くバラバラな方向を向いてしゃべっていても違和感がないのか，それは行動心理学の問題となりましょう。

議論をまとめると

　結局のところ，「鏡のなかの左右と上下」についての混乱は次のような二つの事実と一つの思い込みからきているように思います。

1）われわれ地球上に住む人間は方位を表現するのにそれぞれ自分に固定した座標系である「左右」「前後」「上下」という言葉を使います。このうち「上下」は誰にも共通な向きですが，「左右」と「前後」は人がそれぞれどちらを向いているかによって違う方向になります。

2）ある年齢になるとわれわれは1）の事実に基づいて，誰かと向き合うとき，自分が右だと思っている方向は相手にとっては左方向であること，自分が前だと思っている方向は相手にとっては後ろ方向であること，さらに自分が上だと思っている方向は相手にとっても上方向だということを理解します。このとき，われわれは相手の気持ちになって考えています。

3）鏡に映った自分の映像は実在の自分の前後を逆転させたバーチュアルな姿なのですが，われわれはそれを自分自身が鏡の向こう側に行ってこちらを向いた姿だと思い込み，鏡に映っている映像の気持ちになって自分の左方向は像である相手にとって右方向であると錯覚しているようです。そのため自分は左手に腕時計をはめているのに映像は右手に腕時計をはめていると思ってしまうのです。

　これが私の解釈ですが，3）はまさに認知心理学の問題で，心理学者からみると異論があるかもしれません。

第6話　カエルの眼

カエルは動いているものしか見えない

「カエルは動いているものしか見えない」という話があります。カエルが虫を捕らえるとき，虫が動かないと全く見えず，捕獲できないというのです。

「フクロウも動いているものしか見えない」という話です。ウサギやネズミなどの動きを察知して，獲物をつかまえるのです。

　では，人間ではどうなのでしょうか。驚いたことに，人の眼も本来は止まっているものは見えなくなるはずなのですが，眼球を小さく動かすことによって，静止しているものでも見えるのだそうです。

　眼球が動くのは自分の意志で動かしているわけではありません。自分の意志に反してという意味の生理学の用語に，「不随意的」というものがあります。

　自分では眼を止めているつもりでも「不随意的に」眼球が動いていることを確かめる方法があります [1]。

　図 6−1 の格子縞の中央にある黒い点を 30 秒間，眼を動かさずに見つめてください。次に，すぐ左下にある白い点に視点を移して，眼を動かさずに見つめてください。

　白と黒が逆になった格子縞の残像が数秒間見えると思いますが，残像が小さく動いていませんか。

　この残像については，まだそのメカニズムがよく分かっていない現象のようです。ただ，明暗のコントラストの強いものをしばらくの間見たとき，網膜に映ったその像が数秒間現れる幻影で，いまの場合その像が動いているのは，像を結ばせた眼球が動いたからなのです。

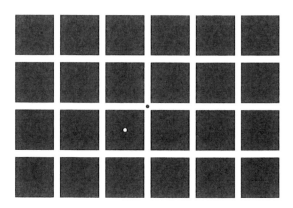

図6-1　残像の動きによって，自分の眼球の不随意運動を確認するための格子模様。

人の眼球は止まっているものを見るとき小刻みに動いている

　眼球を動かすのは外眼筋と呼ばれる6本の筋肉です。見たいものがある方向に眼球を動かす役目をしていますが，それらの筋肉は止まっているものを見るときでも眼球を小刻みに動かしています。そのため網膜に映る像も小刻みに動きますが，網膜上の像は動いていないと見えなくなるのだそうです。

　そのことを確かめる実験があります。被験者にテレビモニターに映し出された静止画像を見せながら被験者の不随意的な眼球の動きを光学的に検出し，その出力をテレビモニターにフィードバックして眼球の動きに対応してテレビの画像も小さく動くようにします。こうすると網膜に映る像は完全に静止しますが，静止すると見えなくなるのです。

　このように網膜上の動かない像を「網膜静止像」といいますが，網

膜静止像がなぜ見えないのか（脳が感知できないのか）は，その理由が分かっていないのだそうです⁽²⁾。

人の眼は左右にはよく動きますが，上下には動きにくいのです。特に上を見るには，首を動かし，まぶたを開き，眼球を動かす必要があります。目が大きく開きます。

動くもののほうがよく見える

私たちは普通，動いているものは止まっているものに比べて見えにくいと感じます。ものが見えるためには，網膜の視細胞内で光を吸収した受容体が構造変化や化学反応をしなければなりませんが，それには短いながらも時間がかかりますから，一つ一つの視細胞を刺激する時間が短すぎると十分に反応が進まないため見えにくいのは分かるような気がします。

ところが，網膜静止像が見えにくいことに関係するのでしょうか。逆に完全に止まっているものよりは動いているもののほうがよく見えるという事実もあります。森の中で鳥の声は聞こえるけれど見回してもその姿が見つからないときに，鳥が飛び立つと，たちどころに見つけることができます。

さらに左目と右目に違うものを見せておいて，右目が見ているものを揺らすと左目で見ていた像が消えてなくなるという実験があります。

それは図6-2に示すような装置による実験です。横幅60センチメートル，奥行き30センチメートル程度の底板の向こう端と右端に高さ30センチメートルの板を垂直に取り付けます。段ボールの箱の

上面と手前と左の側面を切り落としたものでもいいです。これに右奥のコーナーから45度の角度で底板のこちら側の端の中央にかけて高さ30センチメートルの板を立て，その板に鏡を貼り付けます。正面の板にはやや左よりに何でもいいですが鮮明な絵を貼り付けます。図6-2ではカレンダーからとったネコの写真を貼り付けてあります。ネコの目のようにキラリと光るもののある絵がいいです。

　さて，鏡の手前端に額と鼻をくっ付け，右手を鏡の脇に差しだし，右目では鏡に映った自分の手のひらを見，左目で正面のネコを見ます。ネコと自分の手のひらが同じ位置に重なって見えるように顔や手の位置を調節した後，手をゆらゆら揺らすとネコがかき消すよう

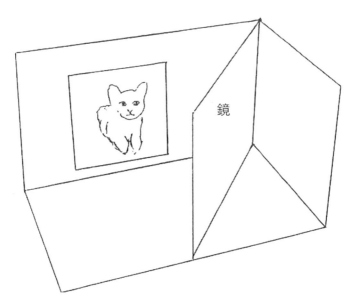

図6-2　左目で静止している物，右目で動いている物を同時に見ると，左目で見ている静止物体が見えなくなることを体験できる装置。

に見えなくなります。手を動かさなければネコも見えるということは、ネコの映像信号も脳までは届いているのでしょう。

神経細胞による映像信号の伝達

　網膜が光刺激を受けることによって起こった視細胞内の化学変化は、細胞を包む膜を通して細胞の内と外を結ぶ多数のナトリウムチャンネルと呼ばれるナトリウムイオンの通り道を開きます。プラスの電荷をもつナトリウムイオンがチャンネルを通ると膜の表と裏の間の電位差が変わります。これを膜の活動電位といいます。こうやって光の信号が電気信号に変換され、その電気信号が神経細胞（ニューロンとも呼ばれる）を通して脳へ伝えられるのです。しかも眼に入ってきた光の信号はアナログ量（強度が連続的に変わる量）ですが、ニューロンを伝わる電気信号はデジタル量（一定の高さのパルス電位の列からなり、刺激の強弱はパルス頻度の大小で与えられる量）となっています。

　アナログ量からデジタル量への変換のメカニズムを京都の庭園などで見かける「鹿おどし」になぞらえて説明しましょう。

「鹿おどし」は図6−3に示すような装置で、竹筒の中央に支えの軸があって左右が上下でき、筒の一方が切り取ってあってそこに滝の水が常に注がれており、筒の反対側には錘がついています。竹筒の水が口の近くまで一杯になり錘のある右側の部分より重くなるとバランスが逆転して左側が下がり、溜まった水は一気に流れ出てしまいます。流れ出れば錘がついている右側が重くなって右側が下がり、錘

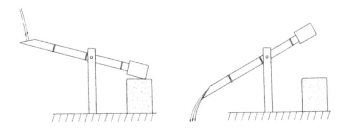

図6－3　生体膜における情報のアナログ・デジタル変換と同じ原理の"鹿おどし"。

が石を叩いて音を出します。この音を信号だと考えれば，パルス的なデジタル信号です。単位時間に落ちてくる滝の水量はアナログ量でそれが大きい場合は錘が石を叩く頻度が高くなります。その頻度の高さから滝の流量を計測することもできるでしょう。

ものが見えるということの不思議さ

　私は，網膜上の像が静止していると感知できなくなるという現象はアナログ・デジタル変換のせいではないかと考えたことがあります。像が動かないと，各視細胞はそれぞれ一定の強さの光刺激を間断なく受けることになり，その結果起こる化学反応生成物の絶えまない増加はナトリウムチャンネルを開いたままにし，チャンネルの開閉によって生じるパルス信号の発生を阻害します。鹿おどしの場合でいうと，滝からの単位時間当たりの水の供水量が変わることなく大きいと，図6－3で竹筒の左側が常に下がったままになり，右側の錘が周期的な石叩きをしなくなることに相当します。しかし網膜静止像が見えなくなる現象は光刺激が弱い場合でも起きるとのことな

ので，この考えは間違っていたようです。また，神経細胞のなかには時間的に変化する光刺激だけに応答するものがあるので，それが原因ではないかという考えもあったようですが，いまのところ直接的証拠となるデータはないようです[2]。

　一方，図6-2の実験は，左目で見ていたネコの像の信号は右手を動かさないときは脳まで届いていたことを意味しますから，網膜静止像が消える現象は脳での情報処理の問題かもしれません。

　考えてみれば，眼で見たものの形を脳はどうやって再構成しているのか不思議なことです。テレビの送受信では，画像を端から掃引し点の集まりとして系列化した信号の形で送信し，受信側はそれを送られた順に配列して画像を再構成しています。これに対し，網膜の各々の視細胞はそれぞれ眼球を通して受け取ったものの部分像の情報をニューロンを通して脳へ送りますが，信号を受け取った脳はそれらをどう処理し，元の形に再構成しているのか分かりません。どういう「からくり」でものが見えるのかということは奥深く興味の尽きない問題です。

第7話　電車の架線の中を流れる電子の速さ

東京から猪苗代まで電子が行くのにどれくらいの時間がかかるのか

　中学生を相手にした講演会の席で，次のような質問を受けたことがあります。

「電流が，マイナスの電荷をもった電子の逆方向への流れだという話をいま伺いました。もしそうだとすると，東京から猪苗代の発電所（当時，首都圏の電力は福島県の猪苗代発電所から送られていた）まで電子が行くのに，いったいどのくらいの時間がかかるものなのでしょうか」

という質問です。いまから40年以上も前の話です。

　そのときは，

「電力は50Hzの交流として送られているので，電子は送電線の中を行ったり来たり往復するだけで，遠くへ行かないのです」

と言って逃げてしまいました。赤面の至りです。そのとき以来，この質問はずっと気になっていました。

山手線の電車の架線を流れる電子のスピード問題

　ところで，首都圏を走る電車はJRも私鉄も1500ボルト（V）の直流電源を使用しています。山手線ならば品川，新宿，田端などに変電所があって，そこでは発電所から送られてきた22000ボルトの交流を1500ボルトの直流に変換して，管区内を走る電車に電力を供給しています。1500ボルトの直流電圧はレールに対する架線の電位として与えられていて，電車がパンタグラフを通して電流を取り込み，

電力を消費すると，その分の電流が架線に流れるわけです。

　それはちょうど，水道管内に 1 気圧を超す高い圧力をもった水が充満していて，水道の蛇口を開いて水を使うと，水道管の中を水がその蛇口に向かって移動するのと同じです。

　さて，10 両編成の電車が起動するときには 3600 キロワット(kW)の電力が必要だと聞いています。これを電圧の 1500 ボルトで割って電流に直すと，2400 アンペア（A）になります。つまり，起動する電車の周辺の架線には，これだけの電流が流れるということです。そこで，この電流が電子の集まりだとすると，何個の電子がどのくらいの速さで動いていることになるのかという問題を考えてみましょう。

　電車の架線は図 7−1 に示すような段面積が約 1 cm² の太い銅線です。

　そこでまず，銅の金属 1 cm³ の中にある銅原子の数を求めます。銅 1 モル，すなわちアボガドロ数に等しい 6.022045×10^{23} 個の銅原子全体の質量は銅の原子量にグラムの単位をつけた 63.54 グラムです。一方，銅の密度は 8.920g/cm³ なので，銅 1 cm³ 中に入っている銅原子の数は，

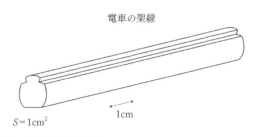

電車の架線

$S = 1\text{cm}^2$

1cm

図7−1　電車の架線の構造。

$6.0220 \times 10^{23} \times 8.920 \div 63.54 = 8.45 \times 10^{22}$ 個

になります。さらに，銅原子は最外殻に 1 個の電子があって，金属中ではそれらが自由に動いて電流に寄与すると考えられているので，1 cm³ 中の自由電子の数は銅原子の数と同じだとみなしてよいでしょう。

　自由電子の密度が $n = 8.4 \times 10^{22}$/cm³，電子の電荷が $e = 1.6 \times 10^{-19}$ C（クーロン），架線の断面積が 1 cm² なので電流密度（単位断面積の導線を流れる電流）が $i = 2400$ アンペア/cm² ですが，電子の平均速度を υ とすれば

$$i = ne\upsilon \qquad (7.1)$$

の関係があるので，$\upsilon = 1.8$ ミリメートル/秒という値が求まります。これはこれは意外や意外，とても小さな値がでてきました。1 メートル動くのに 9 分以上もかかる速さです。ただし，この数値はあくまでも，電車の架線の中を流れる電子が動く速さであることに注意してください。

　仮に変電所が送電を中止している状態からスイッチを入れたときには架線とレールの間にかかる電圧が伝わっていく速さはどれだけかというと，それは電磁波が伝わる速さで，光速です。

　波の伝わる速さにくらべて，それによって動く電子のような実体の速さが遅いのは海の波も同じで，海の波はかなりの速さで進みますが，波によって動かされる水の速さは遅いものです。もっとも海の波は電気の交流と同じで，水は同じところを行ったり来たりしているだけですが。

　結局，金属中の電流は膨大な数の電子が非常にゆっくり動いているという描像になります。それは固体中では電子の運動は原子の熱運動に邪魔されて少しずつしか前へ進めないからで，真空中での放電電流では邪魔するものがないので，電子は金属中の場合にくらべ桁違いに速いスピードで飛んでいます。

量子力学で見た「電子の速さとは？」

　さてしかし，電子というものは量子力学の立場からすると，空間に広がりをもつ波動であって，今どこにどれだけの速さで動いているかは決められない存在であるともいえます。その立場に立つと，ここに述べた質問はそもそも意味を持たないことになり，どう考えればよいか分からない問題になります。

第8話　ゾウリムシにも心があるか？

ゾウリムシの走熱性

　淡水中に棲む単細胞動物にゾウリムシという下等な生き物がいます。体長は150マイクロメートル［マイクロメートル（μm）は10^{-6}メートルだから，150マイクロメートルは0.15ミリメートル］ぐらいで,図8−1に示すように全身が繊毛とよばれる毛で被われていて，この繊毛が頭部から尾部へ波打つビートを繰り返すことによって前進します。しかし，真っ直ぐどこまでも進むわけではなく，ときどきランダムに方向を変えるので，運動はジグザグしたブラウン運動になります。

　さて，このゾウリムシは育った温度を憶えていて，たとえば，22℃で培養したゾウリムシを一方が15℃，他方が30℃の温度勾配をもつ水槽（長さ４センチメートル，幅1.5センチメートル，深さ１ミリメートル程度）に入れてやると，ランダムな運動をしながらも何となく22℃の場所に集まるのです。もう少し正確にいうと,22℃の位置に来てじっと止まってしまうのではなく，いつも動いているのですが，22℃のあたりにいるムシの数が最も多いのです。

　走熱性と呼ばれるこの現象に興味をもった私は，1974年MIT（マサチューセッツ工科大学）

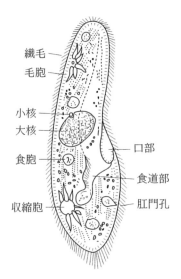

繊毛
毛胞
小核
大核
食胞
収縮胞
口部
食道部
肛門孔

図8−1　ゾウリムシの構造。

に滞在していたとき，たまたま知遇を得た田中豊一博士と意気投合し，一緒にゾウリムシの運動の解析を試みました。当時私はレーザーの発振スペクトルに興味をもっていました。レーザーは白熱電球や蛍光灯の光と違って特定の波長あるいは周波数をもつ単色の発光装置ですが，レーザーではなぜあのようにシャープにパワーが一つの周波数に集まるのかという問題に興味をもっていたのですが。そして物が集まるという意味で，この走熱性にも関心をもったのです。今思えば，このアナロジーはとんでもない見当違いな推量だったのですが……。

　ところで，MITでゾウリムシの走熱性の解析を始めると間もなく，電子工学科でレーザーをやっている仲間の一人から「近頃何の実験をやっているのだ」と訊かれたので，ゾウリムシの話をしたところ，「ゾウリムシが育った温度の場所へ集まるのは当たり前じゃないか。人間だって北極や南極へ行って住もうとはしないだろう。好きな温度だからそこへ集まるだけじゃないのか」というのです。

　しかし，私にいわせれば，脳をもっていない単細胞動物が仮に精巧な温度センサーをもっていたとしても感じた温度に対して好きだとか嫌いだとかいう気持ちや心をもっているとは思えない。何か物理的，ないしは化学的な理由で自分が育った温度の場所へ集まるように仕向けられているに違いない。これが私の考えでした。

物理学者の浅はかな知恵

　ランダムな運動をしている粒子の集団がどこかある場所へ集まるには，どんな条件が必要かという問題を物理学者が考えると，まず思いつくのは拡散係数に空間的な勾配がある場合です。

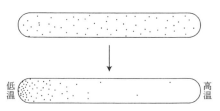

図8−2　ガラス管に希薄な気体を入れて封じ込め，左右に温度差をつけたときの気体分子の分布。

　たとえば，図8−2に示すようにガラス管に希薄な気体を封じ込んで，一方の端を低温に，他方の端を高温に保つと，気体分子は拡散係数の小さな低温側に集まってしまいます。これは積極的に集まるというよりは，ランダムな運動をしながらたまたま低温側にきた気体分子は運動が不活発になり，そこから抜け出られなくなるため，結果的に低温側の気体分子の濃度が大きくなるというべきでしょう。

　ともかく，ゾウリムシが自分が育った温度の場所に集まるのは，その温度では拡散係数が小さいからであろうと考えたのです。　そこで23℃で培養したゾウリムシをいろいろな温度の水槽に移し入れ，拡散係数を測ってみたところ，驚くことに結果は全く逆で，図8−3に示すように拡散係数は培養温度に近い温度の水槽内で最も大きいことが分かりました。拡散係数が大きいというのは，1匹のゾウリムシのジグザグ運動において一つのターニングポイントから次のター

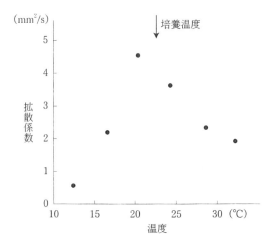

図8-3　23℃で培養したゾウリムシのいろいろな温度での拡散係数。予想に反し，自分が育った温度に近いところで活発に動き回ることが分かった。

ニングポイントへ行くまでの平均時間が長く，その間の平均速度も大きいことを意味します。顕微鏡でコマ撮り写真を撮ってみても実際にそうなっています。ゾウリムシは自分が育った温度では最も活発に動き回るということであって，生き物にとっては至極もっともな性質ですが，集まりやすさからいうとマイナスの効果です。

　つまり，育った温度ではゾウリムシの拡散係数は最も小さいのではないかという物理学者の浅はかな推量は，単細胞動物の走熱性を説明する上で，見事に失敗したのです。

ゾウリムシはたくさんいるほど集まりやすい

　さて，それではゾウリムシはなぜ自分が育った温度の場所に集まることができるのでしょうか。その後の実験で次のようなことが分

かりました [1]。

　まず，集まるといっても数匹のゾウリムシでは集まりにくいという事実があることです。たとえば 1 匹のゾウリムシを温度勾配のある水槽に移し入れても，自分が育った温度の場所に行って留まることはせず，始終水槽の端から端まで動き回るのです。しかし，個体数が増すと集まるようになります。

　数が多いほど集まりやすい事実をはっきりさせるために，20℃で育てたゾウリムシを個体数を変えて，温度勾配のある水槽に入れてみました。片方が 20℃，他方が 30℃の温度勾配をもつ水槽にゾウリムシを一様に入れ，20℃の端に集まる過程を，20℃の端からムシの位置までの距離 x の 2 乗平均の時間変化として表したのが図 8−4（a）です。$\langle x^2 \rangle$ が時間とともに直線的に小さくなっているのは，おのおののムシがランダムな運動をしながら 20℃の端に集まっていくのを反映していて，個体数 N が大きいほど勾配が急であり最終値も小さいですが，これは数が多いほど集まりやすいことを意味しています。

　実際に直線の勾配からムシが 20℃の温度の場所に集まる速さを算出して見ると，図 8−4（b）のようになり，個体数 N が大きいほど集合速度が速いこと，そうして，個体数がある値以下だと集まらないことが分かります。

　つまりゾウリムシの走熱性は一種の集団行動であって，ムシどうしは何らかの意味で交信をしていると考えざるをえません。交信といっても電波や超音波を使っているとは思えず，可能性として考えられるのは化学物質です。

　それぞれのムシは育った温度をしばらくは憶えていて，その温度
の場所にくると新陳代謝が盛んになり，仲間のムシを誘引する物質

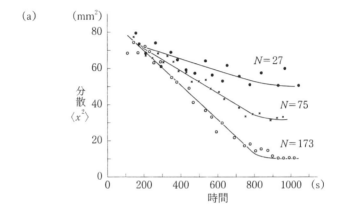

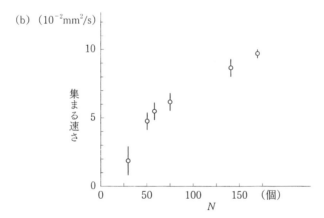

図8−4　(a) 20℃で培養したゾウリムシを温度勾配のある水槽に
一様にばらまいたときのムシたちの20℃の場所への集まり方の個
体数（N）による違い。xは20℃の場所から各ムシまでの距離で，
その2乗平均$\langle x^2 \rangle$の減少は20℃の場所へ集まることを意味す
る。個体数が多いほど集まりやすい。
　(b) 図 (a) の各線の勾配から算出した，ムシの20℃の場所への
集合速度の個体数依存性。個体数が大きいほど集合速度が速い。

を分泌します。仲間のムシは誘引物質に引かれて，それを分泌したムシのかたわらにやってきますが，そこは自分が育った温度と同じ温度の場所ですから，自分も誘引物質を出して他のムシを引きつけます。こうすれば，自己増殖的に培養温度の場所のムシの濃度がふえていくわけで，個体数が多ければ多いほど他のムシの誘引物質の影響範囲に入る確率が大きいので速く集まるわけです。

これに対し，先に述べた培養温度の場所での拡散係数が大きいという性質は，ムシをその場所から分散させる効果ですから，誘引物質の効果と拡散の効果は競合関係にあり，個体数が少ないときは後者が勝ちますが，多くなると前者が勝ってムシが集まるようになると考えれば，一応，実験事実の説明はつくことになります。

ゾウリムシが集まる要因は個体と環境との直接的な相互作用ではなく，個体どうしの相互作用によるものであるという事情は人間が都市社会を形成する事情とも似ているような気がします。東京に人が集まり住みつくのは，東京の自然環境が特段によいからというわけではなく，そこへ行けば，働く場所があり，学校があり，娯楽施設が整っているなどいろいろな種類のコミュニティーに参加できるからでしょう。その意味では，人間もゾウリムシも社会形成のメカニズムの基本は同じだと思います。

単細胞にも備わっている「感知・判断・行動」機能

さてしかし，これでゾウリムシの走熱性は物理として理解できたのかというと，そうではありません。これは温度勾配の効果を誘引物質の効果によって説明しただけであって，いわば走熱性を走化性（化

学物質に引かれて集まる性質）に還元したに過ぎません。

　誘引物質に濃度勾配があるとき，ムシは一般にどうやって濃度勾配を感知するのでしょうか。仮にランダムな運動をすることによって現在の位置の濃度を2，3秒前の位置での濃度と比較して望ましい方向を判断しているのだとしても単細胞動物が濃度をどういう形で記憶しているのか，望ましいとする判断や決定は物理的には何をしているのか，また，望ましい方向が決まったとして，繊毛の運動を体の頭部がその方向を向くように調節する機構は何なのか，どれをとっても物理的には途方もなく難しい問題です。

　これらはいずれも物理的認識の手法を超えたシステムの問題なのかもしれません。生物体はシステムであるといっても，それを構成する素子はテレビの半導体素子のように動作原理が物理的にしっかりと解っているものはほとんどないように思います。

　生物体を階層構造として眺めると，個体，器官，細胞，超分子，分子の順になりますが，このなかで超分子あたりの階層に，機能発現の物理的あるいは化学的基礎がありそうです。

　ゾウリムシでいうと，1本1本の繊毛の屈曲運動を司る微小管の運動発現，繊毛の集団的ビートを制御している膜の活動電位の発生などです。このような超分子レベルでの現象はまさしく物理的現象あるいは化学的現象，しかも従来の枠組みを超えた発想を迫られる問題であると思います。

ゾウリムシと心

　では結局のところ，ゾウリムシは心をもっているのでしょうか，いないのでしょうか？　それにはまず何をもって「心」とするのかを定義することが必要です。ゾウリムシが人間のような豊かで複雑な感情をもっていないことは確かです。しかしいま仮に，仲間のムシが発した誘引物質を望ましいものと感じ取る能力を「心」とするならば，ゾウリムシにも「心」があるといえましょう。そして究極的にはそれをある種の化学親和力に帰することもできるでしょう。しかしそれをわざわざ「心」という必要はなく，「機能」といえばよいことですが，その「機能」でさえ，物理的，化学的にはまだまだ未踏の問題です。

　一般に物理学があることを明らかにしようとするときは，まずその対象をしっかりと定義しなければなりません。たとえば，物理学は「仕事」という言葉を使いますが，それは日常生活で使われる「今日は仕事がはかどった」「彼は仕事がよくできる」「新しい仕事についた」などの「仕事」とは違い，

　　　「仕事」＝［物体に作用した力×その物体が力の方向に動いた距離］

で定義される確定的な量で，エネルギーの次元をもっています。このように物理学とは，まことに窮屈で融通の利かない手法なのです。しかしそこから得られた結論は，実際の現象のある意味での確かな理解へと導きます。

　「心」というものは物理的に定義しにくいものです。のみならず宗教哲学の立場からは「そもそも心は人間の存在そのものであって，定義

することはできないし，まして自然科学の対象などにはなり得ない」
という意見もあります。

　確かに何をもって「心」とするのか，物理学がするような定義づけ
はできないと私も思います。しかし，動物も含めて，人間の「生きて
いる在り様」を物質である脳の各部位の機能と結びつけて理解する
ことができれば，それは大変魅力的で価値あることだと思います。人
が誰しも「心」という言葉でイメージしている「精神作用」の本質の
全貌を捉えることはできないにしても，自然科学という限られた側
面への射影として観ることはできると思うのです。

第9話　吸い込み口のまわりの渦　その1

浴槽から出ていく水は左巻きか?

北半球では真北に発射したロケットは東にそれる

　浴槽や流しの吸い込み口から水が流れ出ていくとき，渦ができるのはよく見かける現象です。そして，北半球の国ではどこの家の流しでも左巻き（反時計まわり）の渦ができ，南半球の国では右巻き（時計まわり）の渦ができるという俗説があります。

　こんな話を聞いたこともあります。アフリカ，ケニアのキスムという町の近郊に赤道直下であることを示す標識が立っているそうです。そこに，洗面器のような容器の底にあけた孔を指でふさいで水を満たす男がいて，標識から10メートル北の位置で指を離すと，容器内の水は左巻きの渦を巻きながら孔から出ていき，10メートル南の位置で同じことをやると右巻きの渦を巻きながら孔から出ていくという実演をしてみせたという話です。

　この実演の真偽はしばらく置くとして，その意図していることは，北半球の東アジアにおける台風やアメリカのハリケーンの渦が反時計巻きで，南半球のインド洋で発生するサイクロンの渦が時計巻きであるのと同じ原理が洗面器のなかの水にも働いているといいたいのだと思います。その原理とは，地球の自転によって生じる「コリオリ力」という力です。

　「コリオリ力」とはどういうものか，まず直感的に解りやすい形で説明しておきましょう。ここでは，地球の自転を例にとって説明します。地球は西から東へ1日に1回転しています。赤道は1周約4万キロメートルですから，緯度が0度の赤道上の地点はどこも

$$40000 \text{ (km)} \div 24 \text{ (h)} = 1670 \text{ (km/h)}$$

で動いていることになります。地球の自転によって地球上の各地点

が東向きに動く速さは赤道上が一番速く，北半球でも南半球でも赤
道から離れるほど遅くなります。

　たとえば，北緯35度30分の東京は1364キロメートル／時（379
メートル／秒）の速さで東に動いていますが，北緯43度00分の札
幌の速さはそれより遅く1225キロメートル／時(340メートル／秒)
です。この違いのため，仮に，太平洋上の北緯35度30分のA地点
から真北の北緯43度00分にあるB地点をめがけて誘導装置のない
ロケットを発射した場合，地球の外から地球の回転とロケットの運
動を観測すると図9−1が示すように，ロケットは発射時にA地点で
Bより速い東向きの速度成分を受け取っているため，落下時にはA'
の真北にあるB'より東にずれた位置に落ちます（右へずれる）。逆
に，Bから真南のAに向かって発射されたロケットは西方向にそれ
ます（右へずれる）。この事実は北半球で発射されたロケットには進
路を右へずらす力が働く
と考えることができます
が，これがコリオリ力の直
感的な説明です。

　同じことを南半球で考
えると，緯度の高い所から
低い所へ向かうロケット
は西方向にそれ（左へずれ
る），緯度の低い所から高
い所へ向かうロケットは
東方向にそれ（左へずれ

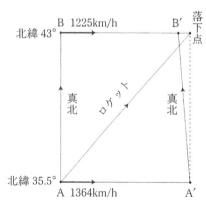

図9−1　地球の北半球では，真北に向
けて発射したロケットは真北より少し
東にずれた位置に落下する。

る)，いずれも進路を左へずらす力が働くと考えられます。

　この力によって北半球で台風に向かって流れ込む風は，直接台風の中心には向かわずに右へそれながら進むため反時計方向の渦を巻くことになり，南半球では，左にそれながら進むためにサイクロンのように時計方向の渦巻きとなるのです。

メリーゴーランド上でのキャッチボール

　この現象をもっと身近で体験するには，遊園地にあるメリーゴーランドのような回転する大きな円盤上でキャッチボールをしてみると分かります。反時計回り（左回り）に回る円盤の上で球を投げると，どの方向に投げても球は直進しないで右にそれるでしょう（図 9－2）。そのわけは，回転する円盤上で運動する物体には新たな力が働くからで，その力の大きさは乗っている円盤が回転する角速度（回る角度を時間で割った値）と球の速さに比例します。また，力の方向は球が進む方向に垂直で右向き（円盤の回転が右回りなら左向き）の方向です。

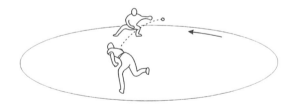

図9－2　回転するメリーゴーランド上でのキャッチボール。メリーゴーランドが左回りに回っているときは，投げたボールは右にそれる。

こうした円盤が回転することで生じる見かけ上の力を，1835 年，

この現象を発見したフランスの科学者ガスパール＝ギュスタヴ・コリオリの名にちなんで「コリオリ力」と呼ぶようになったのです。円盤が静止している時には，この力は生じません。

　よく，乗り物が急に速さを変えたり運動の方向を変えたりする時，乗っている人が倒れそうになります。これは乗っている人（物体）はそれまでと同じ方向に同じ速さで動いていこうとする性質があるためです。これを「慣性の法則」といいます。こうした乗り物が運動の速さや方向を変えるときに現れる見かけ上の力のことを，一般に「慣性力」と呼びます。車が急ブレーキをかける時に受ける前向きの力，急カーブを切る時に感じる「遠心力」はその例です。洗濯機の脱水装置は，この遠心力を利用したものです。

　これらの力は動いている乗り物の中で物体が静止していても生じるのが慣性力ですが，先に述べたコリオリ力は回転する乗り物の上で運動する物体に対して新たに付け加わる力です。その大きさと方向を導くにはちょっと厄介な数式を必要とするので，ここでは省略して結果だけを書きます。一つの平面がそれに垂直な軸の周りに回転速度 ω で回転している時，平面上を速さ ν 文字で動いている物体に付け加わるコリオリ力の大きさは

$$F_{\text{coriolis}} = 2m\omega\nu \quad (9.1)$$

で与えられ，その方向は速さに垂直で，回転が時計回りの場合は左向き，反時計回りの場合は右向きとなります。ただここで角速度 ω の角度は，単位として1周を360度ではなく 2π（＝6.28）ラジアンとす

る単位を使います。そこで20秒で1回転するメリーゴーランドの上で質量が0.1キログラム（100グラム）のボールを10メートル/秒の速さで投げたときにボールが受けるコリオリ力を計算してみると，

$$\omega = \left(\frac{2\pi}{20}\right) = 0.314 \text{rad/s}$$

だから

$$F_{\text{coriolis}} = 2m\omega \upsilon = 2 \times 0.1 \times 0.314 \times 10$$

$$= 0.63 \text{N （ニュートン）}$$

となります。質量0.1キログラムの物体を手に持ったときに感じる重力の大きさは

重力＝質量×重力の加速度

$$= 0.1 (\text{kg}) \times 9.8 (\text{m/s}^2) = 0.98 \text{N （ニュートン）}$$

ですから，0.63Nというコリオリ力は重力に近い，かなり大きな力です。

地球の自転によるコリオリ力

　回転するメリーゴーランドでのコリオリ力は平面上の問題でしたが，地球の自転によるコリオリ力の問題に戻ると，地球表面は球面ですから，コリオリ力の大きさは（9.1）式とは違って，緯度に依存する形になります。緯度が θ° の位置でのコリオリ力は地球自転の角速度を ω として

$$F_{\text{coriolis}} = 2m\omega \upsilon \sin\theta \upsilon \qquad (9.2)$$

のように（9.1）における ω を $\omega\sin\theta$ で置き換える必要がでてきます。$\omega\sin\theta$ は緯度 θ° の位置で地面に垂直な線（鉛直線）のまわり

の，その土地の回転角速度を意味します。北極（sin90° ＝1）では地面は鉛直線のまわりに地球自転の角速度で回転しますが，緯度が下がるにつれて鉛直線のまわりの角速度は小さくなり，先に述べたケニアあたりの赤道上（sin0° ＝0）では鉛直線のまわりの地面の角速度は 0 になりコリオリ力は全く働きません。

　ただ，後に述べるように，吸い込み口のまわりの流体は右回りか左回りのいずれかの渦をつくろうとする傾向があり，非常に小さな刺激で右回りと左回りのどちらの渦へも成長する性質があります。

　地球の自転によるコリオリ力がメリーゴーランドの場合と違うもう一つの点は，ω の値が圧倒的に小さいことです。20 秒かかって 1 回転するメリーゴーランドの回転角速度は $\omega=\frac{2\pi}{20}=0.314\mathrm{rad/s}$ でしたが，地球の自転は 1 日かかって 1 回転するのですから

$$\omega=\frac{2\pi}{(24\times60\times60)}=7.27\times10^{-5}\ \mathrm{rad/s}$$

というように ω は小さな値になります。これにさらに緯度の効果を，東京あたりだと sin35.5° ＝0.58 を掛けた値が $\omega\sin\theta$ となります。

　そこで東京付近で，低気圧の中心へ向かって秒速 30 メートルの速さで吹き込んでいる風にコリオリ力がどんな影響を与えるか，計算してみましょう。その際，(9.2) 式ではコリオリ力を文字通り力として表示しましたが，右辺に入っている質量 m については空気の場合考えにくい量なので，作用する力 F を質量 m で割った加速度

$$a=2\omega\sin\theta\ \upsilon\quad(9.3)$$

で比較することにします。加速度とは，速さが時々刻々変化する割合で［$\mathrm{m/s^2}$］の単位で表されます。(9.3) に数値を入れると

$$a = 2 \times 7.27 \times 10^{-5} \times 0.58 \times 30$$

$$= 2.53 \times 10^{-3} \text{m/s}^2 \qquad (9.4)$$

とかなり小さな値になります。

　ここで, 加速度という量を実感してもらうために, いくつか例をあげましょう。

　たとえば, 発車して5秒後に時速36キロメートルの速さになった自動車の加速度は, まず時速を秒速になおして

$$\frac{36000}{(60 \times 60)} = 10 \text{m/s}$$

とし, 5秒かかってこの速さに達したのだから, 1秒あたりの加速度は5で割って $10 \div 5 = 2 \text{m/s}^2$ ということになります。その他いくつか加速度 (減速の場合は負の加速度とします) の例をあげると,

　　　エレベーターの発進時　　　　$0.9 \sim 1.6 \text{m/s}^2$

　　　急ブレーキをかけた自動車　　$-4 \sim -6 \text{m/s}^2$

　　　物体が自然落下するときの

　　　　重力の加速度　　　　　　　9.8m/s^2

　　　人工衛星の打ち上げ時　　　　30m/s^2

といわれています。

　これらにくらべると, 台風がコリオリ力から与えられる (9.4) の加速度はいかにも小さな値で, 1秒ごとに渦巻き方向の速さが 2.5 ミリメートル／秒ずつ増える程度の値です。それでも低気圧が衰えずに, 中心へ向かう秒速 30 メートルの風が1時間も維持されれば, 3600倍して渦の速さは9メートル／秒まで増加します。それに第10話で述べるように, 中心への吸い込み量がある大きさを超えると, 一

度発生した渦流はそれが左巻きであろうが右巻きであろうが，自己
成長する性質があるのです。

北半球では浴槽の水は左巻きの渦をつくるか

　では，浴槽や洗面台の吸い込み口でも北半球では台風と同じよう
に左巻きの渦が起きるのでしょうか。簡単な実験ですから，みなさん
ご自宅で試してみてください。

　たとえば，洗面台の吸い込み口に栓をして水を溜め，ゴマをばらま
いて水の流れ方が見えるようにして，静かに栓を引き上げます。ゴマ
の動きから水は渦を巻きながら出口に吸い込まれていくのが分かる
でしょう。

　何回か試されると分かるように，渦巻きの方向は反時計方向とは
限らず，時計方向の場合もあると思います。実はコリオリ力の効果
は，洗面台程度の大きさの容器内の流れでは流速が遅いため非常に
小さく，東京あたりの緯度で10センチメートル／秒（＝0.1m/s）の
速さで流れている水が受けるコリオリ力は，加速度で表した（9.3）
式を使って

$$a = 2\omega\sin\theta\ \upsilon = 2\times7.27\times10^{-5}\times0.58\times0.1$$
$$= 8.43\times10^{-6}\mathrm{m/s^2} \quad (9.5)$$

しかなく，台風の場合の（9.4）の値の 300 分の1 しかありません。
この加速度の大きさだと 100 秒たっても渦流速は 0.84 ミリメートル
／秒の速さにしかなりませんし，それまでの間に水は吸い込み口か
ら出ていってしまうので，渦流の"種"にはならないようです。

むしろ，容器に水を溜める時にできた，流れの中にまっすぐ吸い込み口に向かわないで右か左にそれる成分が局所的に残っていて，その速さが数ミリメートル／秒もあれば，コリオリ力の影響より大きく，その初期条件によって右巻きにも左巻きにもなるようです。

渦巻きのサイズが地球規模，すなわち台風やハリケーンともなると，コリオリ力の影響が効いてきて，北半球では必ずと言っていいほど反時計巻きの渦になります。また，北半球のアメリカで盛んに起こる竜巻の場合は，統計によると，90％が反時計方向に巻いていて，残り10％は時計方向に巻いているとのことです。

コリオリ力は浴槽程度のサイズの流れではほとんど効かない

地球の自転が地球上で運動する物体に与えるコリオリ力は大砲の弾やロケット，さらには竜巻や台風のような大きなスケールの運動や流れに対してはその方向を左右しますが，浴槽や実験室の水槽程度のサイズの流れではほとんど効かないことを見てきました。それはコリオリ力というものは回転している乗り物（今の場合地球）の回転速度とその上で運動する物体の速度の積，すなわち地球の回転速度×地球上で運動する物体の速度に比例するのですが，地球の回転速度が1日1回転と極めて遅いので，運動する物体の速度が小さいと二重に小さくなってほとんど効かないのです。

それでも浴槽の水は右回りか左回りかどちらかの渦を巻きながら排水口から出ていきます。それは水の場合の排水口や空気の場合の低気圧のように，ある場所を中心に四方八方から集まる流れは右巻きでも左巻きでもいい，どちらかの渦を巻こうとする性質があるか

らなのです。次の第10話ではその問題を考えましょう。

第 10 話　吸い込み口のまわりの渦　その 2

集まる水は渦を巻きたがる

水槽実験で渦を作る

　問題として面白いのは，吸い込み口に集まってくる水は素直にまっすぐ孔から出ていけばいいのに，なぜ渦を巻こうとするのかということです。しかも，中心気圧が低い大型台風ほど渦巻きの風が激しいのと同じように，吸い込み口からの流出量が大きいほど渦ができやすい傾向があることです。これが「なぜなのか」も考えてみましょう。

　そこでどういう条件があれば渦ができるのか，水槽実験を試みました。長時間にわたり同じ条件で渦の成長を観測できるように，図10-1に示す装置を作りました。

　装置の仕組みは以下の通りです。長方形の水槽をいくつかの区画に分け，その中央に正八角形に区切られた場所を作り，その真ん中に直径8ミリメートルの排水口を設けました。排水口から出た水はポンプによって左右の取水口から両端の区画に戻し，循環させます。図

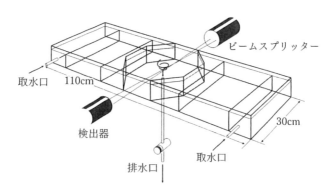

図10-1　レーザー流速計による吸い込み口のまわりの渦流速の測定。

には細かくなるので描いてありませんが，仕切り板にはたくさんの
細かな孔を開けて水が通るようにして，装置全体の水深が一定にな
るよう調整します。いくつもの区画に区切った理由は，両端の取水口
から取り込んだ流れの乱れが中央の排水口のまわりの流れに影響を
与えないようにするためです。こうやって水深を一定に保ちながら，
ポンプの回転数を変えることによって単位時間当たりの流出量Qを
制御します。

　検出器は，図 10−2 に示すように，排
出口の中心から４センチメートル離れ
た位置での流速の半径方向と垂直な方
向の成分の速度$υ_θ$を測っています。$υ_θ$
が流出量Qに対して，どう変化するか
を調べてみたのです。この検出器はレー
ザー流速計といい，一つの光源から出た
２本のレーザー光がつくる干渉縞を利

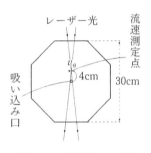

図10−2　渦流速$υ_θ$を測定
した位置。

用して，流体に攪乱を与えることなくその速さを正確に測定できる
装置です。

　図 10−3 がその結果です。横軸は排出口から毎秒出て行く水の流
出量Q［cm³/s］，縦軸は先に述べた流速$υ_θ$［mm/s］です。これを
見ると，流出量Qがある値を超えると渦の流速$υ_θ$が上がり成長する
ことが分かります。図の黒丸は，排出口のまわりにあらかじめかなり
ランダムな流れがある場合で，$Q＝0$でもすでに２センチメートル/
秒程度の円周方向の成分を持った流れがありますが，渦流が成長す

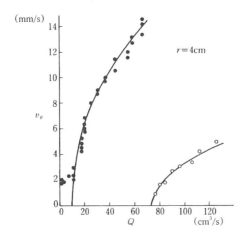

図10-3　吸い込み口（直径8 mm）の中心から $r = 4$ cm の位置における渦流速 v_θ が吸い込み口からの流出量 Q に依存する[1]。黒丸は周辺に強い流れがある場合，白丸は流れが静かな場合。

るのは $Q \geqq 10$ cm³/秒の範囲です。あらかじめ，このようなざわついた流れがあると渦流は発生しやすいことが分かります。

　次に，水槽に水を満たしてから時間をおき，水がほとんど静止した状態から実験を始めた場合が，図の白丸で示したものです。流出量 Q が 72cm³/秒を超えないと，渦流が成長しないことが分かりました。

　「渦流」と書きましたが，図10-3は，ある一点での回転方向の流速を示しているだけです。

　そこで渦の全体像を見るために，別の水槽で，水の表面にアルミニウムの粉を浮かべ，その動きをカメラで撮ったのが，図10-4です。カメラのシャッタースピードの関係で流速を遅くするため，水にグリセリンを混ぜて水の粘性係数を大きくして実験しました。図10-3の場合と条件が違うので流出量 Q の値は異なりますが，(a) は Q の

値が小さくて安定な渦が存在していない場合で，排水口（中央の円）を取り囲むようにして四つの渦が見えます。互いに隣り合った渦が時計方向と反時計方向に回転しています。流量をあげた（b）では，（a）の右上と左下の渦が合体して他の二つを制し，安定した一つの渦に成長しました。

　結局，実験室での水槽実験で渦流を成長させる条件として，

1）排水口からの流出量 Q がある臨界値より大きい必要がある

2）初期状態で局所的にでも渦流方向の成分をもつ流れがあると，そ

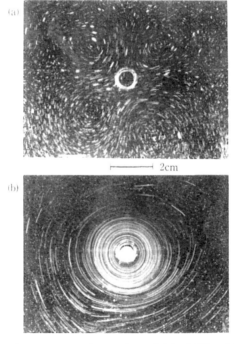

図10-4　吸い込み口のまわりの流れの模様の例[1]。動粘性係数 $\nu = 2.8$ mm^2/sで，（a）$Q = 137$ cm^3/s，（b）$Q = 306$ cm^3/s。

の向きの渦ができやすい

３）水の粘性係数が小さいほうが渦ができやすいことが分かりまし
　た。

孔に吸い込まれていく水はなぜ渦を作ろうとするのか

　さてそこで，上のような条件があるとなぜ渦流が成長するのかを
考えなければなりませんが，それにはやや面倒な数学を必要とする
ので，この節は中身をとばして最後の結論だけ読むのでも構いませ
ん。

　物体の運動を予測するニュートンの運動方程式があるように，流
体の運動を予測する運動方程式があり、それはナヴィエ・ストークス
の方程式と呼ばれています。その方程式を記述するのに渦の問題を
扱うのに便利なように極座標（半径 r と方位角 θ）を用い，吸い込み
口の中心を原点とする半径 r の円周上での流速の半径方向の速度成
分を v_r，それに垂直な円周方向の速度成分を v_θ，水の動粘性係数
（粘性係数を密度で割ったもの）を ν とし，渦流速に対応する v_θ が
成長するかしないかに関わる項だけを拾い出した式を書くと

$$\frac{dv_\theta}{dt} = -\frac{v_r v_\theta}{r} - \frac{\nu v_\theta}{r^2} \quad (10.1)$$

となります。実際の流れは図 10−4（a）が示すように同じ半径の円
周上の各点での v_r，v_θ の値は場所によって違うのでもっと複雑な
式を使う必要がありますが，ここではモデルを簡単化して，半径 r

の円周上ではv_r，v_θともにどこも同じ値で，それは表面だけでなく水の中でも変わりないとします。そうすると，実験にでてきた吸い込み口からの単位時間の流出量Qは半径r，水深hの円筒の側面（図10−5）を速さv_rで通過する水の量に等しいから

$$Q = -2\pi rh v_r \qquad (10.2)$$

となります。右辺に−がついているのは，（10.1）でv_rは半径外向きの場合を正としているので，中心に集まる場合は$v_r < 0$だからです。（10.2）をv_rについて解き，（10.1）に代入すると，

$$\frac{dv_\theta}{dt} = \left(\frac{Q}{2\pi h} - \nu\right)\frac{v_\theta}{\gamma^2} \qquad (10.3)$$

が得られます。この式で，左辺の渦流速の時間に関する微分は渦流速

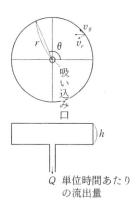

h

Q　単位時間あたりの流出量

図10−5　半径r，高さhの円筒側面を通過する水の速さvのr方向の成分v_rとそれに垂直なθ方向の成分v_θ。

が時間とともに変化する割合なので，等式で結ばれた右辺にv_θがあることは渦流速が自分自身の大きさに比例して変化することを意味します。そこで渦流が成長するためには，右辺のv_θが0であってはだめで，どんなに小さくてもよいから"種"になる円周方向成分の流れがなければなりません。その"種"が大きければ大きいほど渦ができやすいというのが実験で述べた2）の条件です。その上で右辺の括弧内が正，すなわち

$$\frac{Q}{2\pi h} > \nu \quad (10.4)$$

ならば渦は成長し，負ならば減衰します。条件１）の吸い込み口から
の流出量 Q がある臨界値より大きい必要があるのはこのことです。
水は粘っこいと流れにくくなります。したがって条件３）は動粘性係
数 ν が小さいほど渦が成長する条件（10.4）を満たしやすいことに対
応します。

　水槽内の境界条件が与える"種"の υ_θ の符号は正（左回り）でも
負（右回り）でもよく，左回りなら左巻きの渦が，右回りならば右巻
きの渦が成長します。

　重要なことは，実験室サイズの水槽内では，外部から水を回転させ
ることができるような大きな力は働いていませんが，それでも水の
流れに少しでも"ゆらぎ"があれば，それを"種"にして渦が自発的
に成長していこうとする性質があることです。それは水がもつ運動
エネルギーのうち，吸い込み口に向かう速度成分のエネルギーが，円
周方向に向かう速度成分の自由度に絶えず移行しているからなので
す。

　受け取ったエネルギーによって円周方向の速度成分は増加しよう
としますが，水自身がもつ粘性がその足を引っ張ります。それは粘性
が円周方向の速度成分がもつ運動エネルギーを水分子のランダムな
熱運動に変えてしまうからです。吸い込み口に向かう速度成分から
単位時間当たりに受け取るエネルギーが粘性によって熱に変えられ
るエネルギーを上回る（10.4）の条件が満たされると，渦流が成長す

ると考えられます。

渦流の単一化過程

　排水口からの流出量 Q が大きいとその周りに単一の安定した渦が
生まれますが，最初はいくつもの時計巻きと反時計巻きの小さな渦
が現れ，それらが時間と共に徐々に統一されて一つの渦になってい
きます。その過程を見るために，図 10−4 のように水面にアルミニ
ウム粉末を浮かべ，各粉末がカメラのシャッター時間内に流された
形跡を時間をあけて 4 枚の写真に撮り，その写真から排水口の周り
の表面の水が排水口を中心とする水槽内の各位置でどのような角運
動量をもっているかを計算し，その分布が時間とともに変わってい
く様子を調べてみました。ここで水の角運動量 L_i とは i 番目のアル
ミニウム粒子を含む単位体積の水がもつ角運動量で，それは水の密
度を p，排水口の中心までの距離を γ_i，その部分の水の速さの排水
口を中心とする回転方向（γ_i に垂直な方向）成分を $\upsilon_{\theta i}$ とすれば

$$L_i = p\gamma_i \times \upsilon_{\theta i} \quad (10.5)$$

と表される量です。ここで水の密度 p はどこも一様だとして分布を
見るだけなら外すことができます。そこで混ぜるグリセリンの量を
加減して動粘性係数を ν =5.9mm^2/s にした水を使い，水の深さが h
=5cm の容器，中心の排水口からの単位時間当たりの排水量が Q
=263cm^3/sec の条件で表面の流れがどう変わっていくかを，時間とと
もに 4 枚の写真に撮りました。そしてその画像から，排水口を中心

とする半径 8cm の円内にある約 200 個のアルミニウム粉末の流れト
レースの各々について，その排水口中心からの距離 γ_i とトレースの
長さの γ_i に垂直な方向の速度成分 $\upsilon_{\theta i}$ を測り，p=1 とした (10.5)
式の L_i の値を計算しました。その際，$\nu_{\theta i}$ の符号は反時計まわりな
らプラス，時計まわりならマイナスと決めます。こうして得られた水
の流れの角運動量 L_i が排水口の中心からの距離 γ_i に対してどんな
分布をするかをプロットしたのが図 10−6 です。

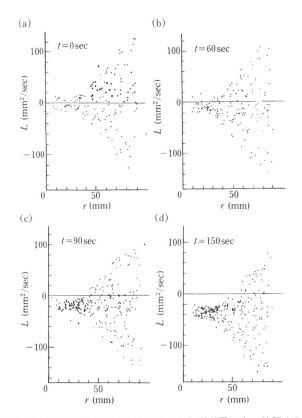

図10-6　渦の成長過程における流れの角運動量分布の時間変化。

　プラスのLは反時計まわりの方向，マイナスは時計まわりの方向
を意味します。大事なことは，$t=0\,\mathrm{sec}$の初期状態では流れの方向
は時計まわりも反時計まわりもほぼ同じに分布していますが，$t=$
$60\,\mathrm{sec}$では全体の分布がやや時計まわりの方向にずれており，$t=$
$90\,\mathrm{sec}$では半径35mm以下の中心に近い部分ではすべての流れが時計

まわりの渦に，さらに $t = 150\mathrm{sec}$ ではそれが半径 $50\mathrm{mm}$ の広い範囲に統一されているのが解ります。

相転移と対称性の破れ

　排水口からの流出量 Q が臨界値以下でも渦は生じていて図 10-4 (a) のように右回りと左回りの小さな渦がほぼ同数ありますが，Q が臨界値を超えるとそれらが一方向回りの渦に統合されて，水槽内の水が全体として角運動量をもつようになる状況は，磁性体が高温での常磁性相から低温での強磁性相に相転移を起こすのに似ています。

　たとえば，永久磁石である鉄はキュリー点と呼ばれるある温度（770℃）以上では各原子が持つ磁気双極子（スピン）がバラバラの方向を向いた常磁性状態にあるのに対し，キュリー点以下ではそれらが一方向に揃った強磁性状態に変わります。磁気双極子が揃う向きを決めるのは，地球磁場などの環境の磁場です。

　渦流の発生と強磁性の発生，この一見違う二つの現象はいずれも系を構成する要素がバラバラな状態から秩序ある構造をもつ状態に変化する現象で，これに似た現象は他にも数多くあり，総称して「相転移」と呼ばれています。たとえば，水が氷になる凝固やレーザーの発振がその例です。ただ，強磁性や水の凝固のような場合は外界とのエネルギーの出入りが差し引き0の系で「平衡系」といい，渦流の発生やレーザーおよび電気回路発振のような場合はエネルギーの継続的な注入があるので，「非平衡系」といわれており，その扱いはかな

り違います。

　これまで平衡系の相転移については詳細な研究がなされて来ましたが，非平衡系の相転移の研究はまだまだこれからなのです。いずれの場合も相転移とは秩序立った構造を成長させようとする相互作用とそれをバラバラにさせようとする因子とのせめぎ合いによって起こる現象で，できた秩序構造について，渦流の場合の回転方向，強磁性の場合の磁化の方向のような非対称性の向きを決めるのは初期条件や環境条件です。

　このように排水口からの流出量が臨界値以下であると，小さな右回り，左回りの流れがあっても全体としては対称的な構造であるのが臨界値を超すとマクロな非対称構造をもつ一方向回りの渦流が発現する現象は相転移に共通するもので，「対称性の破れ」と呼ばれています。

究極の条件下では浴槽にもコリオリ力が効く

　さて，家庭の浴槽や洗面台にできる渦では右巻きか左巻きかは周囲の流れの状況によって決まると書きましたが，形や材質が吸い込み口から見て 360 度全く同等な水槽を使い，水を完全に静止させた状態から出発して擾乱を与えないようにコックを開いたとき，渦はどうなるかという実験をアメリカの MIT のシャピロ[2] がやりました。彼は直径 6 フィートの円形容器の底の中央に半径 $\frac{3}{8}$ インチの吸い込み口を設け，水を右巻きの回転を与えながら注ぎ込んで満たした後，約 24 時間放置して静止させてからコックを開いたところ，20

分で空になったが，途中 15 分頃から左巻きの渦を観測したと報告しています。

　またこれを受けて，南半球オーストラリアのシドニー大学のグループが同じ形と大きさの容器を使って同様の実験をしたところ，そこでは右巻きの渦を観測したとの報告をしています。これらの結果は実験室サイズの容器でも構造を完全に等方的にし，すべての攪乱を除いた場合には，最後には地球の自転によるコリオリ力が「対称性の破れ」の要因として残ることを意味しているのかもしれません。

竜巻と台風の違い

　日本では台風は毎年お馴染みですが，竜巻の発生はあまり多くありませんでした。しかしここ数年はよく発生し，被害も耳にするようになりました。竜巻は台風にくらべてスケールが小さいだけでなく構造が違うようだけれど，どう違うのか，水槽実験でそれを調べてみました [3]。よく知られているように，台風には中央に"目"と呼ばれる渦風の吹かない比較的静かな領域がありますが，水槽実験でこれを実現するには吸い込み口の半径を大きくしなければならないこと，そして境界条件として中心からかなり離れた円周上であらかじめ右回りか左回りの流れを与えておくことが必要なようです。

　そこで，図 10−7 に示すような直径 90 ミリメートルの吸い込み口
をもち，吸い込み口の中心から半径 140 ミリメートルの円周上に流
れの方向を変えられる 24 枚のガイド板を設け，水深は水の循環によ
り常に 48 ミリメートルに保たれるような装置を作りました。竜巻型
の渦ができるか台風型の渦ができるかを決めるパラメータはこれま

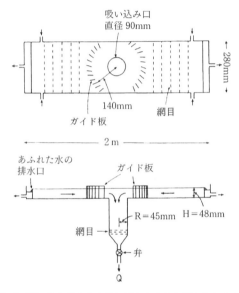

図10−8　吸い込み口のまわりに流れの方向を変えられるような
24枚のガイド板を設けて流入してくる水にあらかじめ回転を与え
ることにより，(10.5) 式で定義されるスワール比（境界条件）を
変えられるようにした水槽。

で問題にしていた吸い込み流量 Q と動粘性係数 υ との大小関係だけ
ではなく，境界円周上での円周方向の流速 υ_θ と半径方向の流速 υ_γ
の比で与えられるスワール比 S という量も関係します。

　以下では，Q と υ の大小関係も流体力学の専門家にならって両者
の比で与えられるレイノルズ数 Re で表すことにします。

すなわち，

$$\text{レイノルズ数}\quad Re=\frac{Q}{2\pi h\nu}$$

$$\text{スワール比}\quad S=\frac{R}{2h}\frac{\langle v_\theta\rangle}{\langle v_\gamma\rangle}$$

の二つです。ここでQは吸い込み流量，hは水深，νは動粘性係数，Rは吸い込み口の半径，$\langle v_\theta\rangle$，$\langle v_\gamma\rangle$はそれぞれ流速の円周方向成分，半径方向成分の境界円周上での平均値です。

　これらの値をいろいろ変えて実験をし，赤インクによって流れを可視化して横から撮った写真の例が図10−8の三つの図です。

　ここではレイノルズ数は$Re=$139に固定し，スワール比Sを変えています。上から撮った図がないので渦のあるなしが直接には見えて

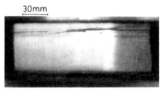

（a）$Re=139$，$S=0.043$　渦の成長なし

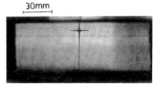

（b）$Re=139$，$S=0.163$　竜巻型渦

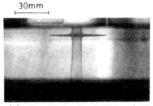

（c）$Re=139$，$S=0.198$　台風型渦

図10−8　スワール比による渦構造の違い。

いませんがスワール比の小さな（a）　$S=0.043$では渦はできていません。（b）$S=0.163$では中央に細い線が見えますが，これは渦流が一つに集まって下へ吸い込まれている図です。そして（c）$S=0.198$では渦流は半径４ミリメートルぐらいのカーテン状の円筒側面に集

まり，そのカーテンに沿って下に吸い込まれています。レーザー流速計で流速を調べると，円筒内部の特に中心部には渦はなく，10 ミリメートル/s 程度の上昇流があることが分かりました。これは台風の"目"に相当する領域だと思います。

ここまでのまとめ

　吸い込み口のまわりに発生する渦についていろいろなことをいってきました。この問題で私が一番不思議に思っていたことは，地球の自転によるコリオリ力が効かないような小さな水槽実験でも流出量を増やすと必ず渦が発生することでした。それは右巻きの場合もあれば左巻きの場合もあるので，コリオリ力が原因でないことは確かです。実験や理屈を重ねた結果，気づいたことは吸い込み口に集まる流れには本来渦を作ろうとする性質があるということです。

　その勘所は流体の運動を記述するのに特有なナヴィエ・ストークスの方程式から導かれる（10.1）式の右辺第 1 項です。（10.1）式の左辺と右辺第 1 項の関係を言葉で表すと

　渦流速が成長する割合＝（吸い込み口へ

　　　　　　　向かう流速／中心からの距離）×渦流速となります。

（10.1）で v_r は半径外向きの流速を正としていますので，$-v_r$ を「吸い込み口へ向かう流速」としたのです。左辺は渦流速が時間とともに成長するときの時間勾配です。この式は，右辺の括弧内が正なので，それと掛け合わされている渦流速が全くゼロでない限り，どんなに小さくても渦流速の"種"があれば，右回り，左回りに関わりなくそれを成長させようとする性質をもっています。このことは流体力

学や気象学の専門家にはすでによく知られていることなのかもしれ
ませんが，これまで聴いたことがなかったので，あえて強調しまし
た。

　中心に向かう流れは渦を成長させますが，他方，水のもつ粘性は成
長を妨げます。(10.1) 式の右辺第2項がそれを意味します。そこで
実際には渦が成長するか否かは両者のせめぎ合いになり，前者が後
者を上回れば渦が成長します。これは第11話で述べるレーザーや電
気回路の発振と同じ「非平衡開放系における相転移現象」の一つとみ
なすことができ，物理学としてたいへん面白い問題です。

　もう一つ興味深いことは，大気の気象現象で見られる台風と竜巻
に相当する違う構造の渦が水槽実験でも見られたことです。台風の
特徴は中心に"目"といって渦流のない静かな領域があることです。
水槽実験でも図10-9に示すようにそれに相当する構造が見られま
した。しかしそのメカニズムは全く解りません。

竜巻や台風のメカニズムはもっと複雑

　以上述べてきたことは，水槽中央の排水口から一定量の水を絶え
ず人為的に流出させることによってできる渦の問題でした。これに
対して自然界で大規模に起こる台風は，上昇気流のまわりにできる
渦の問題です。

　その場合，赤道付近で熱せられて発生した上昇気流がなぜ北上し
ながらさらに発達し長時間維持されるのか，そこには海水の温度や
水蒸気の存在などの複雑な要因も絡んでいます。また竜巻は，地上の
熱せられた空気の上空に寒気団があって，空気の流れが不安定にな

った時に起こりやすいといわれています。そこではまず上昇気流の発生から考えていく必要があり，ここでは全く触れなかった問題があることをお断りしておきます。

　また，ここで扱った単純な浴槽渦の問題に限っても，まだ解らない問題が多く，最近では，同志社大，京大グループによる詳細な実験および理論的研究報告[4] が出されています。

第 11 話　自励発振はノイズから成長する

ブランコはなぜ揺れるのか

　「ブランコはなぜ揺れるのか」という問いは，質問の意味が分からないという人がいるかもしれません。「漕ぐから揺れるのだろう」という返事が返ってきそうです。でも実は，これはとても面白い問題を含んでいるのです。

　では，ブランコに乗って漕ぐことを考えてみましょう。ブランコを「漕ぐ」とは，いったい何をやっていることになるのでしょうか。踏み板を足で前に向かって周期的に押しているように見えますが，ちょっと待ってください。

　エンジンを積んでいないトロッコや乳母車では，車の中にいる人が内側から前の壁を押しても少しも動かないように，ブランコに乗っている人が踏み板を前に押すだけでは動きは生じないのです。ここで大事なことは，ブランコを漕ぐとき，立ったりしゃがんだりして，重心が変わることなのです。実際に，支点の真下の最下点に向かうときに腰を落として重心を下げ，最下点から離れるときに腰を伸ばして重心を上げることなのです。

　このことを納得するためには，図 11−1 に示すように錘を付けた糸をなめらかな支持棒に懸け，支持棒と錘の間の糸の長さを錘が “8” の字を描くように伸縮させると振れがだんだん大きくなる実験をしてみると分かります。

　糸を引っ張ったり緩めたりする力の方向は錘が振れる方向と垂直ですから，錘の振れを増加させる方向の力が直接働いているわけではなく，糸を伸縮させる運動のエネルギーが錘の振れの運動エネル

ギーに移し換えられているのです。これ
は吸い込み口のまわりの渦の成長が，中
心に向かう流れから渦流へのエネルギー
ーの移行によって起こるのと似ていま
す。

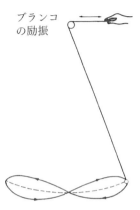

ブランコ
の励振

　その際もう一つ大事なことは，ブラン
コでも振り子の実験でも小さくてよい
から初期微動が必要なことです。初期微
動があれば，それがブランコの場合は重
心の上下運動から，そして振り子の場合
は，糸の伸縮運動からエネルギーを受け
取って揺れが成長していくのです。初期

図11-1　振り子の糸の長
さを錘が"8"の字を描くよ
うに伸縮させると，振れが
だんだん大きくなる実験。

微動がなければエネルギーの受け渡しが起こらないのです。

自励発振はどうして起きるのか

　ブランコや振り子は力学系の話でしたが，電気回路系でも同じよ
うな現象があり，増幅や発振に利用されています。

　振り子の場合，糸の長さを変えると周期が変わります。電気回路で
はコンデンサーの容量が問題となります。糸の長さやコンデンサー
の容量のように，系の性質を決める変数を一般にパラメータといい，
このパラメータを周期的に変化させることによって起こる振動を
「パラメータ励振」あるいは「パラメータ共振」と呼んでいて，人工
衛星からの微弱な電波を受信するための低ノイズ増幅器として利用
されています。

さて, 現代人はさまざまな種類の電子機器に囲まれています。それらの電子機器は低周波の交流を使ったり, 中波や短波のラジオ放送用電波から始まって, FM放送, テレビ, 携帯電話, PHS, 電子レンジ, 衛星放送などの高周波帯, さらにレーザー光など広い周波数範囲の電磁波を利用したりしています。それらの交流や電波はどうやって作り出されるのでしょうか。

何もないところから交流や電波を生み出すのですから, エネルギーをつぎ込むことは必要です。しかし, ただの抵抗体に電流を流しても熱は発生しますが, 規則立った交流や電波は発生しません。それには発振の種類によって違いますが, フィードバック, 負性抵抗, 反転分布などの作用によって, 本来, 系に含まれるいろいろな周波数の電場ゆらぎ (ノイズ) のうち, ある特定の周波数のゆらぎだけが増幅されて, マクロな発振にまで成長するメカニズムが必要なのです [1]。

発振はノイズから成長する

ここでは, 典型的な電気回路発振器である「ウィーンブリッジ発振器」でそれを説明しましょう。この発振器は上に述べたように, ある特定の周波数の電圧だけを増幅し, それをフィードバックさせては何度も可度も増幅させる機能をもっています。図 11-2 はその装置をモデル的に描いたものです。図で増幅器は入力した電圧を A 倍に増幅する素子で, フィードバック回路は増幅器からの出力電圧を入力側に戻す回路です。ここでは抵抗とコンデンサーからなる四つの回路を組み合わせた構造のものを使っています。そして, この回路の

特徴は抵抗とコンデンサーの
値を選ぶことによって，特定の
周波数 f の電圧だけを，これも
抵抗値で決まる倍率 β（＜ 1）
倍にして通すという性質をも
っています。

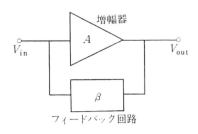

図11－2　増幅器とフィードバッ
ク回路からなる発振回路。
　A は増幅器の増幅率，フィード
バック回路はウィーンブリッジ回
路といって，特定の周波数 f の電
圧の波だけを位相を変えずに β
倍して入力側に戻す。

　さて，こういう回路を組んで
増幅器のスイッチを入れると
何が起こるのでしょうか。ま
ず，回路内にはどこにも微小な
ノイズ電圧があるものですか
ら，それを V_in とすれば増幅器で A 倍されて出て行きますが，そのう
ち周波数 f の成分はさらに β 倍されて入力側に戻り元のゆらぎ電圧
V_in（シグナルが回路を一周するのに 10^{-5} 秒ぐらいしか経っていな
いので，元のゆらぎ電圧はほとんど変化していない）と一緒になって
増幅器に送られ，再び $A\beta$ 倍されて戻ってきます。これを何回も繰
り返すことによって， V_in に含まれた周波数 f の成分が雪だるま式
に増幅されるのです。その結果，出力電圧 V_out は

$$V_\mathrm{out} = \{1 + A\beta + (A\beta)^2 + (A\beta)^3 + \cdots\} A V_\mathrm{in} \qquad (11.1)$$

で与えられますが，$\{\cdots\}$ 内は初項 1，公比 $A\beta$ の無限等比級数の和
で，$\frac{1}{1-A\beta}$ ですから

$$V_{\mathrm{out}} = \frac{1}{1-A\beta}AV_{\mathrm{in}} \qquad (11.2)$$

となり，$A\beta$ が 1 に近づくと括弧内の係数がどんどん大きくなるので，微小なゆらぎ電圧 V_{in} が種となって周波数 f のマクロな発振に成長することになるのです。式の上では $A\beta = 1$ のとき V_{out} は無限大になりそうですが，シグナルが大きくなると増幅が頭打ちになるので実際の発振電圧は有限な値に抑えられます。

　実験では増幅率 A は制御しにくいので，β を変えることによって臨界値 $\beta_c = \frac{1}{A}$ に近づけるとノイズが成長してきれいな発振に変わっていく過程が見られます。図 11-3 はそれを示したオシロスコープの図です。この実験では，発振周波数を 1.4kHz，増幅器の増幅率を $A=6.14$，したがってフィードバックファクターの値が臨界値 $\beta_c = \frac{1}{A} = 0.1629$ になったとき発振が起きるように選んであります。

　図 11-3 で分かるように，β が小さいときはランダムなノイズに過ぎ

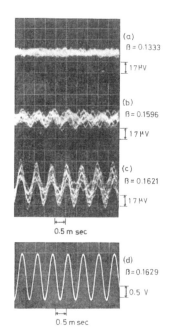

図11-3　ウィーンブリッジ発振器において，フィードバックファクター β の値を臨界値に近づけることでゆらぎ電圧が規則だった発振へと成長する過程。発振周波数は f $=1.4$ kHz[2]。

ませんが，β を臨界値に近づけると，振幅は小さいし，またゆらいで
はいるものの周波数がほぼ 1.4kHz の波が成長してきます。そして β
が臨界値 0.1629 に達すると，圧倒的に大きな振幅をもち，周波数も
安定した発振電圧に成長します。図 11－3 の上三つの臨界値以下の
図では縦軸の一目盛のスケールが 17μ V（μ は 10^{-6}）であるのに対
し，四つ目の発振状態の図では一目盛のスケールが 0.5V と約 3 万倍
も大きいことにご注意ください。

　β が臨界値 β_c に近づくにつれてゆらぎ電圧がどのように大きく
なっていくか，また発振領域に入ってから振幅が β とともにどのよ
うに伸びていくかを示した例が，図 11－4 です。実験に用いた回路
は図 11－3 の場合とは違い，発振周波数は 7kHz，発振の臨界値は β_c
＝0.1392 です。

　一般にゆらぎの大きさは平均値のまわりの 2 乗平均（分散という）
で表すので図 11－4 で，β_c 以下のゆらぎ領域のスケールは左側の縦

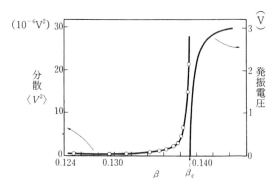

図11－4　ウィーンブリッジ発振器の臨界点以下での雑音レベル
の出力電圧の分散（左）と臨界点以上での発振電圧（右）のフィ
ードバックファクター β と依存性。

軸にあるように，ゆらぎ電圧の２乗平均$\langle V^2 \rangle$（$10^{-6}\,V^2$）で表し，β。以上の発振領域の右側のスケールは発振電圧（V）で表してあります。

　発振領域での発振電圧の増加の仕方は第 10 話「吸い込み口のまわりの渦　その 2」に出てきた水槽実験での吸い込み口からの流出量Qに対する渦流速v_{θ}の成長を示す図 10-3 のカーブに似ています。物理的には全く違う現象でありながら，二つの現象をたちあげている数学的骨組みが同じだからです。

　このことは後で述べるように他の現象にも数多くみられることで，単に数学の形式が似ているだけでなく，ミクロなゆらぎ量がある条件下で不安定になり，マクロな量に自己成長する現象に共通するものであると思われます。

発振の安定度の目安となるパワースペクトルの幅

　周波数，振幅ともに変動せず長時間にわたって位相が一定に保たれている規則だった波を「コヒーレントな波」といい，光の領域ではレーザー光が太陽光や電球の光などにはないコヒーレンス性をもっています。低周波の電気発振や電波は安定に発振していればすべてコヒーレントな波ですが，発振の臨界点以下でのゆらぎは周波数も振幅も不安定な波です。発振とはそのようなゆらぎが種となって成長し，周波数，振幅がともに時間的に安定した構造を形成したものですが，その秩序度の度合いを見るには発振時のパワースペクトルというものが役に立ちます。それはどのくらいのパワー（電力）をもつ発振がどのあたりの周波数領域にでているかを表すグラフで，一般

にある周波数にピークをもつ山の形をしています。その山の幅が狭ければ狭いほど周波数が散らばっていない規則立った（コヒーレントな）発振ということになります。

　図11-5は，あるバイアス電圧以上で10GHz（ギガヘルツ：ギガとは10^9のこと）のマイクロ波を発振するガン・ダイオードと呼ばれる半導体素子について，発振の臨界点以下でのパワースペクトルの変化を示した図です。この図11-5で（a）はバイアス電圧が発振の臨界値からほど遠い6.48Vの場合ですが，すでに20MHz（$2×10^7$ヘルツ）程度の半値幅（強度がピーク値の半分になる周波数の幅）をもつ幅広いピークが見られます。（b）は臨界値に近い6.82Vでのスペクトルで，中央に発振のピークが現れ，その両側にあたかも発振モードにパワーが引き込まれたかのような凹みができているのが分かります。そして，（c）が発振領域でのスペクトルですが，ピークの半値幅は0.2MHz以下になっていますので，（a）にくらべてコヒーレントな状態の続く時間が100倍も長くなっていることを意味します。

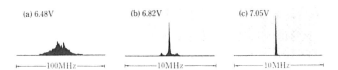

図11-5　10GHzのマイクロ波を発振する半導体素子が臨界点以下で示すパワースペクトルの変化。バイアス電圧が発振の臨界値に近づくにつれて急激にシャープになる。（a）と（b），（c）とでは横軸の周波数の目盛幅が1桁違うことに注意。

レーザー発振におけるモードの単一化

　発振の臨界点で，ある特定の波長のモードが他に抜きんでて成長していく様子は半導体レーザーでも見ることができます。半導体レーザーは注入電流を増やしていくと，ある臨界値で発振が起きますが，その出力光を反射格子によって各モードに分解して強度を観測することができます。図11−6は35mAの臨界注入電流で中心波長が790.3nm（ナノメートル，ナノは10^{-9}の光を発するAlGaAsレーザーダイオードについて，発振の臨界点付近で発振モードが注入電流

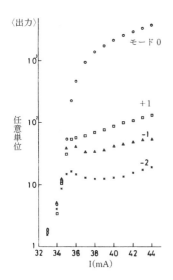

とともにどのように変化するかを調べた結果です。モード（0）が中心のモードで，（＋1）は波長が0.31nmだけ長い隣のモード，（−1），（−2）は波長が0.31nmずつ短い隣接モードです。注入電流が35mAを超えるあたりからモード（0）が他のモードを引き離して成長しているのが分かります。

　このように，発振という現象では外から取り込んでいるエネルギーが絶えずある特定の周波数あるいは波長のモードに集められているといっていいでしょう。

図11−6　半導体レーザーの発振モードを含む四つのモードの出力強度の注入電流による変化。発振の臨界点電流 35 mA あたりから，発振モード0が他のモードを引き離して一つだけ成長している。

発振現象は化学や生物の世界にもたくさんある

　以上は電気的発振の話でしたが，自励発振の現象は化学や生物の世界にも数多く見られます。

　化学反応の振動現象については，1970 年代の臭化マロン酸の存在のもとでＣｅ$^{4+}$とＣｅ$^{3+}$イオン濃度が周期的に変化する振動現象としてのベロゾフ・ジャボチンスキー反応の発見に端を発したプリゴージン学派の幅広い研究があります。また，生命体での自励発振は心臓の鼓動，脳波や神経膜の電位振動，昆虫の翅の振動，はては粘菌の振動運動にいたるまで数え上げればきりがありません。自励振動とは力によって物体が動いたり，電圧によって電流が流れるような受動的な現象ではなく，原因と結果があからさまには見えない能動的な現象であることが面白く，また難しいところでもあります。

非平衡開放系における相転移現象としてみた自励発振

　第 10 話の渦流の成長の話では，吸い込み口からの流出量が少ないときにはバラバラだった水の流れが，ある臨界値を超すと秩序立った渦に成長する現象を，磁性体の場合の高温ではバラバラな方向を向いていたスピンがキュリー温度以下では方向が揃った強磁性体に変わる相転移と対応させて「非平衡開放系における相転移」と呼べることをいいました。

　それはここで取り上げた電気回路やレーザーの発振現象についてもいえることで，系を制御する外部パラメータ（フィードバックファクター，注入電流など）が臨界値以下だとミクロでゆらいでいた電界が臨界値を超すとマクロで秩序立った発振電界に成長するという意

味で，「非平衡開放系における相転移」だといえます。

　このほか，薄い液体層の上下に温度差をつけた場合に起こる独特な構造のベナール対流の発生，先に触れたベロゾフ・ジャボチンスキーによる振動する化学反応現象，さらにはヤリイカの神経電位が外液のNaイオン濃度を増やしていったときにある臨界濃度で自励発振を起こす例などがあります。

　これらの非平衡開放系における相転移現象は，強磁性や強誘電性の相転移のような静的な秩序構造への変化ではなく，エネルギーや物質の流れを伴う「動的秩序構造」の発現であるといえましょう。しかし非平衡開放系における相転移の場合，平衡系の相転移を決めている自由エネルギー最小の原理に相当するような普遍的な熱力学関数があるのかどうかは今のところ分かっていません。

　差し当たっては能動的な個々の現象について，そのメカニズムを追っていくことが先決です。お手本がないのでなかなか困難な問題であり，特に生命体での自励振動は物質の流れと化学反応と電場が絡み合っているので，余計に難しい問題ではありますが，心や意思という厄介な要素を含まない物理学や化学の問題として解けるはずだと私は思っています。

第 12 話　筋肉を収縮させる生体分子エンジン

無生物と生物の違い

　生き物はもちろん「もの」からできていますが，生物の「もの」と無生物の「もの」は何がどう違うのかというテーマは，自然科学にとっての最大の難問の一つです。そして，これまでにいろいろな人が様々な立場から意見を述べてきました。たとえば，分子生物学者の福岡伸一博士は最近出版された著書『動的平衡』[1] の中で次のように述べています。

「生体を構成している分子は，すべて高速で分解され，食物として摂取した分子と置き換えられている。身体のあらゆる組織や細胞の中身はこうして常に作り変えられ，更新され続けているのである。だから，私たちの身体は分子的な実体としては，数か月前の自分とはまったく別物になっている。分子は環境からやってきて，一時，淀みとして私たちを作り出し，次の瞬間にはまた環境へ解き放たれていく」

　鴨長明の『方丈記』の出だし

「ゆく河の流れは絶えずして，しかももとの水にあらず。よどみに浮ぶうたかたは，かつ消え，かつ結びて，久しくとどまりたるためしなし」

を思い起こさせる解りやすい説明です。

　生体系が生命を維持するために，分子レベルではまさにこういう入れ替わりを絶えず続けているのだと思います。しかしながら「生きている」という事象には他にもいろいろな面があって，その中には，まだメカニズムの解らないことがたくさんあります。

　動物が自ら力を出して動き回れるというのもその一つです。人類は蒸気機関から始まって内燃機関のような熱機関と電磁力を利用し

た電気モーターなどの動力機器を発明してきましたが，脊椎動物か
ら原生動物に至るすべての動物が，ATP（アデノシン三リン酸）とい
う物質のもつ化学エネルギーを直接機械的エネルギーに変換するこ
とによって動力を得ているそのメカニズムは，まだ解っていないの
です。

筋肉を収縮させるミオシンとアクチン

　ここでは，「生きているとはどういうことか」という問題を，哲学
や宗教の問題としてではなく，動物の筋肉が力を出して収縮する運
動はそれを構成している分子レベルにおいて何が起こった結果なの
か，という即物的な面に限って考えてみることにしましょう。

　活きのいい魚や貝は，「活き作り」といって刺身にして脳からの神
経を断絶させても動くことがあります。

　図 12−1 はおろしたばかりのホタテガイの筋原繊維の顕微鏡写真
で，（a）は上で述べたエネルギーのもとである ATP の水溶液をかけ
る前，（b）は ATP の水溶液をピペットでかけた後の写真です。バッ
クの 6 本の線はガラス容器の底に記した 2 ミリメートル間隔の目盛
です。ATP 水溶液をかけると収縮するのがはっきりと見てとれます。

　では，筋原繊維とはどんな構造をもっているのでしょうか。それを
示したのが，図 12−2（a）です。筋原繊維をさらに詳しく見ると，
アクチンフィラメントとミオシンフィラメントとからなる入れ子構
造をしていることがわかります。この構造のことを「サルコメア」と
呼びます。

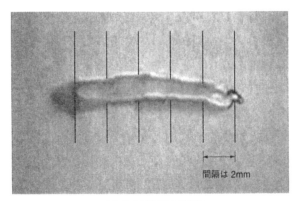

間隔は 2mm

(a) ATP水溶液をかける前

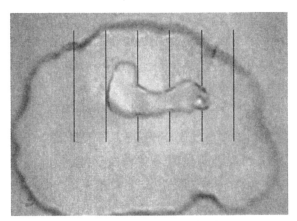

(b) ATP水溶液をかけた後

図12-1　ホタテガイの筋原繊維のATP（生体系にとって共通のエネルギー源）水溶液による収縮。バックの目盛は2mm間隔。
（a）ATP水溶液をかける前。
（b）ピペットでATP水溶液をかけた後。
桐蔭横浜大学医用工学部齋藤潔博士による。

　図12-2（b）は，ATP水溶液をかけたときに起こる収縮が，先にあげた2種類のフィラメントが相対的に滑り込み運動をすることによ

って起こることを模式図で示したものです。アクチンフィラメント
は２本の数珠玉を撚り合わせたような構造で, ミオシンフィラメン

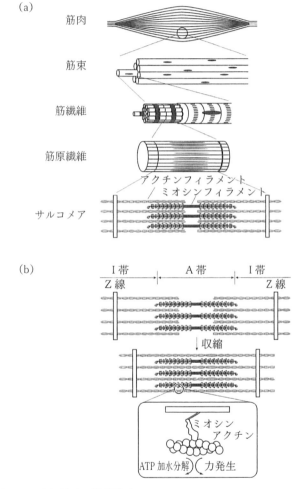

図12-2 (a) 筋肉の階層構造。
　(b) ATPの加水分解によるミオシンとアクチンの相対運動の結果
起こる筋収縮。
　柳田敏雄著『生物分子モーター』[2] より。

トは頭と尻尾からなるたくさんのおたまじゃくしを尻尾の部分で束ねたような構造をしています。

　以上は，ホタテガイに限らず一般の動物の筋原繊維にATP水溶液をかけたときに，その加水分解によって収縮する，分子のレベルで見たときに起きていることです。

ミオシン1分子の運動の観察

　さて，ここまでは確かなことですが，この先が問題なのです。ミオシンの膨らんだ頭のほぼ中央部分に入り込んだATPが加水分解をしてわずかなエネルギーを放出するのですが，そのエネルギーがどうやってミオシン分子とアクチン分子との相対運動を引き起こすのかは，ここ半世紀の間，ずっと謎として続いている問題です。

　ミオシンは分子量が約50万，長さが160nm（ナノメートル：ナノは10^{-9}のタンパク質です。アクチンは図12−2（b）に描かれている数珠玉一つ一つが球状アクチンと呼ばれ，分子量は約4万2000，直径が5nmのタンパク質ですが，一つ一つの分子の動きが光学顕微鏡で観察できるほど大きくはありません。そこで運動発生のメカニズムとして作業仮説がたてられました。代表的な作業仮説は次のようなものです。

　1個のATPの加水分解によって，ミオシンの頭と尻尾のつなぎ目の部分の角度が大きく変わる構造変化を起こす。それによってミオシンの頭部が，それまで結合していたアクチン分子から解離して，数個先のアクチン分子と新たに結合してそれを引き寄せる。そのことによって相対的に移動するというものです［図12−3（a）］。

　これは，学校の運動場などにある雲梯^{うんてい}にぶら下がって，いま握っている横棒から手を離して次の横棒に握り替えては前へ進む動作に似ています。

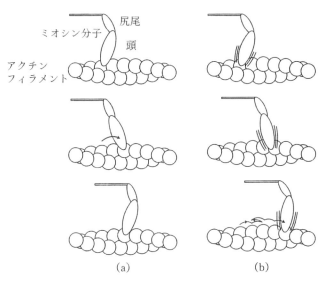

図12-3　ミオシン分子とアクチンフィラメントの相対的運動に対する二つのモデル。
　（a）1回のATP加水分解によってミオシンの頭と尻尾の間の角度が変化し，ミオシンの頭がある一定の距離だけ右に振れて別のアクチン分子と結合する形で運動が起こるとする従来型モデル。
　（b）柳田博士のグループがエバネッセント蛍光顕微鏡を使って観測した1個のミオシン分子の運動の様子。ミオシンの頭は常に小刻みにランダム運動をしながら確率的にアクチン分子の1個分の距離だけ右に進む。1回のATP加水分解で進む距離は数個先のアクチン分子までであるがその数は決まっておらず，ときには逆戻りすることもある。

　しかし意識を持っているはずのないミオシン分子が，そのような合目的的な運動をするメカニズムを物理学の立場から考え出すのは

かなり難しいことです。

　ところで，いまから 15 年ほど前，大阪大学の柳田敏雄博士のグループが，蛍光色素で標識した 1 個のミオシン分子がアクチンフィラメントに沿って運動する様子をエバネッセント蛍光顕微鏡という優れた技術を開発して，直接観察することに成功しました。

　それによると，ミオシン分子は 1 回の ATP 加水分解によって一定の距離前進するのではなく，常に小刻みにランダム運動をしながら，ときおり確率的に前方へステップ状に進むこと，しかし，その回数は決まっておらず，また，ときには後ろ向きにステップバックすることなどを明らかにしました（図 12−3 (b)）。

　この実験結果は，1 回の ATP 加水分解ごとに一歩一歩進む機械的運動を想定していた，特に欧米系の研究者にとってはなかなか受け入れ難いようでしたが，その後，同じ技術を利用した実験があちこちで行われ，現在では大分受け入れられるようになりました。1 個のミオシン分子の長さは 160nm ですが，頭部だけの大きさは 16nm という小さなものです。ちなみに 16nm という長さがどんなに小さいかを譬えれば，身長 1.6ｍの人の背丈を 100 万倍して青森・鹿児島間の距離 1600km まで伸ばしても僅か 1.6cm にしかならない長さです。

　このような小さな世界では，分子は常に「熱ゆらぎ」に支配されています。

　熱の本質は 19 世紀初頭までは，「熱素」といって重さのない流体の形をとった元素の一つであると考えられていましたが，19 世紀の半ばになり，それは分子のランダムな運動であることが分かってきました。10℃の水と 50℃のお湯は見た目には区別がつきませんが，

手で触れると違いが分かるのは，50℃のお湯の分子は 10℃の水の分子にくらべてより激しくランダム運動をしているので，手の皮膚はそれを大きな熱エネルギーとして感じるのです。

　ですからミオシン分子をそのレベルまで拡大して見れば，絶えまないランダム運動が観測されたのは当然のことといえましょう。

　ミオシン分子に限らず，一般にタンパク質の機能はその平均構造だけでなく構造のゆらぎも関係していることが想像されるのですが，もう一歩踏み込んで，タンパク質を構成する原子の一個一個の動きを観測する実験手段は今のところありません。

　そこで，私たちは「分子動力学法」と呼ばれる計算機シミュレーションによって，ミオシン頭部の各原子がどんな熱運動をするか，調べてみることにしました[3]

　分子動力学シミュレーションとは，ニュートンの運動方程式を基礎にして物質系を構成する一つ一つの原子や分子の運動を数値的に解き，その座標と速度の時間変化を追跡する方法です。

ミオシンの動的構造変化のシミュレーション

　ミオシン分子は常に熱的にゆらいではいるものの，何らかの刺激を受けなければ時間平均したときには右にも左にもドリフトしないはずです。それが分子内のある場所に ATP の小さな分解エネルギーが注入されると一方向へのドリフトを始めるのはどうしてか，計算機シミュレーションで調べたわけです。

　まず，X線構造解析の結果知られているホタテガイのミオシン分子の構造から頭の部分を切り取り，図 12−4 に示すように回転楕円

体の形をした水滴（緑色の斑点）の中に入れます。タンパク質は一般にたくさんのアミノ酸が一列につながった構造をもっていて，その骨格は炭素原子の鎖でできているので図のようにひと筆書きで表せます。青いストリングがそれで，今の場合 785 個の炭素原子からなり，図には描いてありませんが一つ一つの炭素原子にはさまざまなアミノ酸が側鎖として付いています。

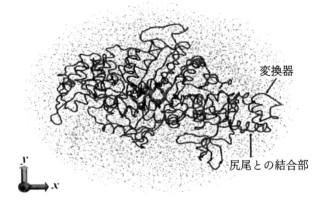

図12-4　シミュレーションに用いたホタテガイのミオシン分子の頭部。
　1個のミオシン分子全体から運動にとって大事なエンジン部分だけ切り取ったもので，右端の先には接合部を介して尻尾と呼ばれる構造がつながり，さらにその先は他のミオシンの尻尾と一緒になってフィラメントを形成している。また，実際の筋原繊維では頭部左側の先端部近くにアクチンフィラメントがy軸方向に走っていて，ミオシン頭部はアクチンと相互作用しながらフィラメントに沿って運動する。
　この図では，構造を見やすくするため，骨格になる炭素原子の主鎖だけを青い線で描いてある。中央部の赤い主鎖の部分はミオシン分子に取り込まれたATP分子がしばらく留まるポケットで，シミュレーションではATP加水分解の効果をそれによって放出されるエネルギーを赤色で表示した80個の原子群に配分することにより計算を進めた。楕円形をした緑の斑点の集まりはミオシン頭部を包みこむ水滴の水分子である。

　また，実際の筋原繊維では図 12−4 におけるミオシン頭部の左側
先端部分の近くに y 軸方向に伸びるアクチンフィラメントがあり，
それを構成する球状アクチン（図 12−3 にある数珠玉）の一つ一つ
と相互作用しながらミオシン分子はアクチンフィラメントに沿って
移動していくのですが，アクチンとの相互作用を取り込むと膨大な
計算量になるので，ここでは ATP の加水分解が放出したエネルギー
によるミオシン頭部の変形運動の計算だけしかしていません。

　シミュレーションではまず，主鎖，側鎖，水のすべての原子に絶対
温度 300K（絶対温度とは Kelvin が導入した温度の単位で，−273℃
を基準の 0 度としており，物理や化学ではよく使われる単位系です。
300K＝27℃です）に相当する運動エネルギーを与えて熱平衡状態に
した後，次の二つの初期条件から出発して，合計 68,662 個の各原子
の運動を計算します。

1）そのまま 2 フェムト($2×10^{-15}$)秒の時間間隔で 500 万ステップ，
　　全体で 10 ナノ（10^{-8}）秒間の計算を続けます。

2）ATP の加水分解によって放出されたエネルギーを図 12−4 の赤で
　　示した 80 個の炭素原子に運動エネルギーとして分配した後，1）
　　と同じ計算を行います。これは ATP を取り巻く 80 個の原子群の
　　温度を 300K より少し高くしてやり，その後その余分の熱エネル
　　ギーが分子全体にどう広がっていくかを計算することに相当し
　　ます。

　1）と 2）の結果の違いが ATP の加水分解が与える効果というこ
とです。

　各原子間には，原子の組み合わせによって決まる相互作用が働く

ものとして計算します。得られたデータは，全体でも 10 ナノ（10^{-8}）秒間しかない短いものですが，計算にかかった時間は専用計算機を使っての連続運転で，1）の ATP 加水分解の刺激を与えない場合と 2）の与えた場合，それぞれが約 40 日かかりました。

ミオシン頭部のランダム振動は一方向に偏る

　このシミュレーションで分かったことをあらかじめまとめますと，初期条件 2）の場合，ATP が加水分解したという刺激のシグナルは，300 ピコ（3×10^{-10}）秒たつとミオシンの頭部全体に広がり，それ以後の各原子の運動は，ランダムではあるけれども刺激なしの初期条件 1）の場合とは違うある方向に偏ったランダム運動になるということです。

　図 12−5 はミオシン頭部の 10 ナノ秒間の平均構造で，(a) は（＋y）方向（アクチンフィラメントに平行な上方向）から，(b) は（＋z）方向（図 12−4 と同じ横方向）から，(c) は（−x）方向（アクチンに面した方向）から見た図で，いずれも白が 1）刺激を与えない場合，赤が 2）刺激を与えた場合の主鎖をリボン表示で表した図です。タンパク質の主鎖は側鎖の種類や並び方によって α ヘリックスと呼ばれるらせん構造，β シートと呼ばれる平板構造，さらにはそれらをつなぐひょろひょろしたループ構造から成り立っていて，それぞれ頑強さが違いますが，それを区別して表したのがこのリボン表示です。

　図ではミオシンの頭部と尻尾のつなぎ目の部分，すなわち (a), (b)

の図で右端に見えるらせん構造（αヘリックス）の部分を固定してありますが，頭の先端［(a), (b) の左端と (c) の手前］に近い部分で

(a) 上（＋y）方向から見た図

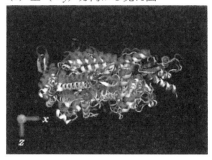

(b) 横（＋z）方向から見た図

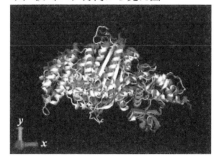

(c) アクチン側（−x）方向から見た図

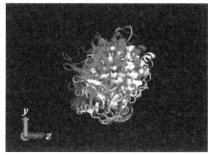

図12−5　ミオシン頭部の10ナノ秒間の時間的平均構造。
　(a) は上面図，(b) は図12−4と同じ側面図，(c) はアクチン側から見た図。白は何も刺激を与えない場合，赤はATP加水分解のエネルギーを与えた場合で，赤の構造は白の構造に比べて（＋y, −z）方向へシフトしている。

は赤い構造は白い構造にくらべて大きく（−z）方向へそして僅かに（＋y）方向へ偏り，全体として捩じれた形で変形しているのが分かります。

　図 12−5 は時間平均した構造なので，どのくらいゆらいでいるかは分かりません。そこで計算の出発点 t＝0 秒における初期構造から始めて 10 ナノ秒まで，ゆらいでいる主鎖の 1 ナノ秒ごとの 11 個の瞬間的構造を重ねて描いたのが図 12−6 です。左側コラムは ATP 加水分解の刺激がない場合，右側コラムが ATP 加水分解の刺激がある場合で，黒い線は t＝0 秒における初期構造を表し，両者に共通です。

　図 12−6（a）の上から見た図と（c）のアクチン側から見た図によると，刺激がない左側コラムの場合には初期構造である黒い線を中心にゆらぎが（＋z）方向と（−z）方向にほぼ対称的に分布していますが，刺激のある右側コラムの場合にはゆらぎの分布が（−z）方向へ大きく偏っていることが分かります。ゆらぎの分布が非対称であることは一方向への運動をもたらす可能性があります。

　それは，ヒトの膝の関節がそれから下の脚部を後ろ方向にだけ自由に曲げられる構造になっているため，ヒトは地面を蹴って前には進めますが，後ろには進みにくいのと似ています。

　ミオシン頭部のこのような（−z）方向に偏ったランダム振動は，2 本の数珠玉の鎖を撚り合わせた構造をもつアクチンフィラメントの一つ一つの数珠玉（球状アクチン）の捩じれをさらに増加させる向きのトルク（回転させる力）を与えるので，ボルトやネジがドライバ

一の回転によって先に進むように，ミオシン頭部の（−z）方向にバイアスのかかった運動の衝撃を受けて，アクチンフィラメントが回転しながら（+y）方向に押されていく可能性があります。

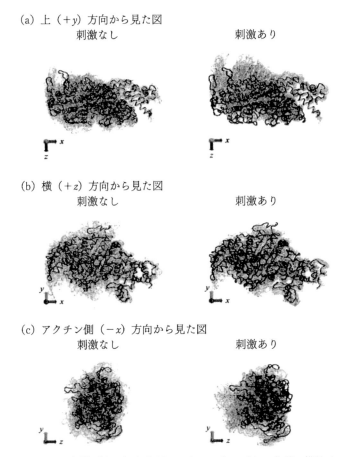

(a) 上（+y）方向から見た図
　　刺激なし　　　　　　　　　　刺激あり

(b) 横（+z）方向から見た図
　　刺激なし　　　　　　　　　　刺激あり

(c) アクチン側（−x）方向から見た図
　　刺激なし　　　　　　　　　　刺激あり

図12−6　初期（0 ns）から10 ns までの1 nsごとの主鎖の構造ゆらぎ。黒線は初期（0 ns）構造。
　　左コラムはATP加水分解の刺激のない場合，右コラムは刺激を与えた場合。刺激を与えた場合，構造のゆらぎ分布が（−z）方向に張り出している。

このようにアクチンフィラメントがミオシン分子との相互作用によって回転しながら滑り運動をしている証拠実験として，石渡信一博士による蛍光顕微鏡を使った巧妙な観察実験[4]があります。

しかし，シミュレーションとしては最終的にはミオシン分子とアクチンフィラメントの相互作用も考慮に入れた計算をしてみないと分からないことで，問題の解決はまだまだこれからです。

それにしても，ミオシン分子やアクチン分子という1億分の1メートルの極微の舞台で1億分の1秒から数ミリ秒という短いながらも広い時間範囲にわたって演じられるドラマの裏に生体独特の精妙な「からくり」が隠されているのは驚きです。

生体分子エンジンあるいは生体分子モーターといわれるこの分野の研究では，前述の柳田グループや石渡グループの仕事，さらにはATP 合成酵素の回転モーターについての木下一彦博士のグループの仕事など，日本ではきめ細かなすぐれた実験がたくさん出ています。生体に関わる現象ではありますが，その解明は明らかに物理や化学にとって打ってつけの問題で，大きな進展が期待される分野です。

物質とエネルギーと情報

ご覧のように筋肉収縮の基本要素である生体分子エンジンの動作メカニズムの解明はまだまだ前途遼遠という感じです。大袈裟な言い方をすれば，筋肉の中では現代のエネルギー文明がまだ実現できていない「化学エネルギーの力学的エネルギーへの直接変換」が行われています。内燃機関のように何百度という高温を経由することなく，ATP の加水分解による僅かなエネルギーを使って常温のまま巧み

にミオシン・アクチン間の滑り運動を起こさせていますが，この分子エンジンでは，われわれの体温である 310K（37℃）に相当する分子内原子の熱振動が大事な役割を果たしているのではないかと思います。

　平衡点のまわりの熱振動ではゆらぎの範囲が対称的ですからミオシン・アクチンの一方向的な滑り運動は出てきませんが，ATP の加水分解がトリガーとなってミオシンの分子振動に非対称性を引き起こした計算機シミュレーションの結果は，一方向の滑り運動へつながる可能性があると思います。

　その場合 ATP の加水分解は熱振動に対して「意味のあるシグナル，あるいは情報」を発したことになります。そしてそれはまたエントロピーの局所的な減少をも意味します。

　生物が示す機能発現のメカニズムを考えるには物質とエネルギーのやり取りだけではなく，こういった広い意味での“情報”の役割も考慮する必要があるように思います。

　昔，東大の物理教室におられた高橋秀俊先生が「これからの物理学は物質とエネルギーの他に情報も物理量として取り込まなければ駄目だ」とおっしゃっておられたのを憶えています。当時学生の私には何のことか分からなかったのですが，今になってようやくその意味が分かってきました。

第13話　なぜこの世界の現象は不可逆的なのか

不可逆的とは何か

　まず，この設問にある「不可逆的」は，それ自体意味の分かりにくい言葉なので，それから説明しなければならないでしょう。昭和の初め，物理学者で随筆家でもあった寺田寅彦は「映画の世界像」という随筆で映画のフィルムを逆回しにしたときに見られるような現象，たとえば，燃え尽きた灰が焔に変わって最後に白い紙になるような現象が実際には絶対に起こらないのはなぜか，という問題に言及しています。

　大きい木が年とともに背丈が低くなり，さらに小さな苗木となって最後には芽になって，土の中に隠れてしまう現象も絶対に起きませんが，どうして現実には育つ方向の現象だけが起きるのかという疑問です。

　ここで「現象が不可逆的である」とは上のような意味です。普通の人にとっては当たり前のことで，バカバカしい疑問をもつものだと思うでしょう。しかし，物理学者がなぜこんな奇妙なことに興味をもつのかというと，ニュートンの運動法則にその理由があるようです。

ニュートンの運動第二法則

　そもそも物理学者は，ものごとには原因と結果があり，その原因と結果を結ぶメカニズムについての普遍的な理屈を明らかにすることに関心をもっています。

　その典型的な例がニュートンの運動に関する第二法則で、次の式で表わされるものです。

$$ma= \frac{md^2r}{dt^2} =F$$

（m は質点の質量，a は質点の加速度，r は質点の位置ベクトル，F は質点にかかる力，t は時間です）

　質量をもつ物体に力が働くと加速度が生じ，運動の様相は物体の速度と位置が時間とともにどのように変化するかを正確に予想できる運動方程式で表されます。実はこの方程式に従う限り，現象は「可逆的」なのです。

　たとえば，A，B 2 人の人がキャッチボールをしていたとします。投げたボールの運動は回転を与えない限り単純なニュートンの運動方程式に従います。Aが投げたボールをBが受け取り，その位置からそのボールを受け取った時の速さと正確に同じ速さで逆向きに投げ返すと，ボールは同じ軌跡をたどってAの手に戻ります。

　同じことは，糸に錘をつけてぶらさげた振り子についてもいえます。振り子を平衡位置からずらして手を離すと，反対側の端まで振れていってまた戻ってきますが，その軌跡はたどる向きが逆なだけで，全く同じです。

　ここでいう「可逆的」とか「不可逆的」という言葉の意味は，時間そのものを反転できるとかできないとかいう意味ではなく，時間は順方向に進みますが，現象が全く逆のプロセスを辿れるか辿れないか，という意味だと思ってください。

　しかもニュートンの運動法則を拠り所に可逆性を議論するのなら，対象は力学的現象に限られます。

水中でのインクの拡散

　ところで，先に触れた燃焼現象や植物の成長現象には，化学反応や遺伝情報とエネルギーの供給など複雑な要素が絡みますから，順方向のプロセスの解明ですら難しく，ましてその逆方向へのプロセスが可能かどうかなどという問題はどこから手をつければよいかも分からない厄介な問題です。

　それに対して，水に垂らした一滴のインクが広がっていく拡散現象は，水やインクの分子がいかに小さいものだとはいえ，分子は互いに衝突を繰り返しながらニュートンの運動方程式に従って運動しているはずですから，個々のプロセスは可逆的だと思われます。

　しかしインクの広がる様子をマクロに見れば不可逆的で，万が一つにも広がっていたインクが一か所に集まっていくことはありません。そこでマクロな全体の様相を記述する方法として，個々の分子の運動には目をつぶって，ニュートンの運動法則から離れ，時々刻々，空間のどの位置にインク分子がどれだけ分布しているかを表す確率的な分布関数を考え，それについての拡散方程式を解くことがなされています。この方程式は，ニュートンの運動方程式とは違ってインクの空間分布が容器全体にわたって一様になるまで広がる不可逆的な方程式です。

　実際の現象としては，莫大な数のミクロなインク分子の軌道全体を統合したものがマクロに観測される分子の分布になるわけですが，前者を記述する可逆的なニュートンの運動方程式から後者を記述する不可逆的な拡散方程式を理論的に導くことが難しく，多くの理論家を悩ませました。

３個の球の衝突問題

　ここでは一般的な議論ではなく，球を使った３体衝突問題で，衝突
をして到達した位置からの戻しの運動の際，最初の位置や逆向き速
度にほんのちょっとのずれを与えただけで，元の位置に戻らない，つ
まり運動が不可逆になることを示す計算機シミュレーションの例を
お見せしましょう。

　一般に二つの球が違う方角から飛んできて衝突すると，そのあと
それぞれどの方角に飛んでいくかは予測しにくい問題です。しかし
二つの球が硬くてぶつかっても変形せず運動エネルギーの和が保存
される場合には，衝突の前後で運動がどう変わるかを計算すること
ができます。それよると，衝突時の接触面に垂直な方向，すなわち二
つの球の中心を結ぶ直線方向の速度成分については互いに衝突前の
相手の速度成分を受け継ぎ，接触面に平行な速度成分は衝突前の自
分の速度成分をそのまま維持するという結果になります。このよう
な衝突を弾性衝突といいます。

(a)

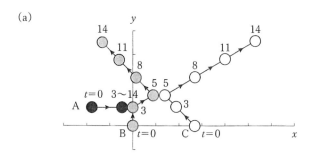

(b)

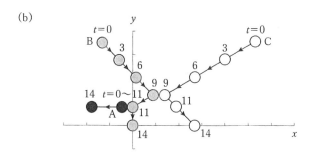

(c)

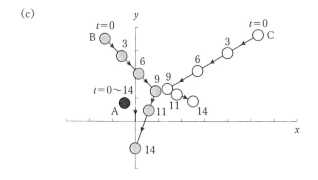

図 13−1 はこの結果を使って，同一平面上で質量が等しく半径が

共に 0.5 で，ビー玉のように硬くて表面が滑らかな 3 個の球体 A（黒），
B（斑点），C（白）を互いに弾性衝突させた場合にどんな運動をす
るかのシミュレーションをしたものです。先ず (a) の図は時刻 $t=0$
において A は座標 (x, y) が $(-3.598, 1.5)$ の位置から右方向へ速さ v_x
$=0.866$ で，B は $(0, 0)$ の位置から上向きに $v_y=0.5$ の速さで，C は
$(5.464, 0)$ の位置から左上向き 45° の方向に $v=0.707$ の速さでそれ
ぞれ始動させ，その後互いに衝突しながらどういう方向に進むかを
追った図です。因みに C に与える左上向き 45° 方向の 0.707 という
速度の x, y 成分は $v_x=-0.5$，$v_y=0.5$ という速度成分になっていま
す。

　さて，衝突はまず時刻 $t=3$ で B の側面に A がぶつかる形で起きま
す。A，B 衝突の接触面に垂直な方向は x 軸方向で，B の衝突前の
速度の x 成分は 0 だからそれを受け継いだ A は衝突後静止してしま
います。それに対し，B の衝突後の速度は x 成分が A から受け継い
だ $v_x=0.866$ であり，接触面と平行な y 方向の速度成分は衝突前自
分が持っていた $v_y=0.5$ を維持するので図のように斜め右上方向に
進みます。次いで時刻 $t=5$ には右下から来た C とぶつかります。こ
こでも衝突の接触面は y 軸に平行です。従って B も C も衝突後の速
度の y 成分は衝突前の値 $v_y=0.5$ と変わらず，接触面に垂直な方向
の x 成分の値は衝突前の B と C の値がお互いに入れ替わって B が v_x
$=-0.5$，C が $v_x=0.866$ となり，図 (a) のように離れていきます。こ
の時，B が進む方向は $-x$ 方向から上へ 45° 傾いた方向，C が進む方
向は $+x$ 方向から上へ 30° 傾いた方向になっています。

151

こうして達した最後の時刻 $t=14$ におけるＢの位置は $x=-2.768$, $y=7.0$，Ｃの位置は $x=10.526$, $y=7.0$ であり，Ｂの速度は $\upsilon_x=-0.5$, $\upsilon_y=0.5$，Ｃの速度は $\upsilon_x=0.866$, $\upsilon_y=0.5$ となっています。速度については先に述べたように，Ｂ，Ｃが最後に持っている運動量の方向ごとの和と運動エネルギーの総和はＡが途中で停止したままになっても，最初にＡ，Ｂ，Ｃに与えた値を維持しているのです。

　ここで，Ａ，Ｂ，Ｃの三つの球を図 13－1（a）での時刻 $t=14$ の位置からそのときのそれぞれの速さを逆向きにして投げ返すとどうなるかを調べてみましょう。その際Ａは $t=3$ 以降止まったままでしたから静止状態のまま始めます。その計算結果が図 13－1（b）に示す逆行する軌跡です。2度の衝突があっても予想したように，帰りの

図13－1　3個の球の衝突運動を例にとって試みた可逆・不可逆性の計算機シミュレーション。
　(a) 質量，大きさともに等しい球Ａ（黒），Ｂ（斑点），Ｃ（白）をそれぞれ所定の位置から所定の速さと方向で同時に出発させ互いに衝突をさせた後，14ステップ目で運動を打ち切る。ＡはＢとの衝突で3ステップ以後静止しつづける。
　(b) Ｂ，Ｃを（a）の計算でそれぞれが到達した位置からその時と同じ速さで逆向きに始動させる。Ａは（a）の計算で止まった位置にそのまま止めておく。この場合Ａ，Ｂ，Ｃとも14ステップ後には（a）の計算での出発地点と全く同じ場所に戻る。
　(c) (b) の場合とほぼ同じだが，Ｃの位置と速さをほんの僅かだけ変えて計算を実行すると，（a）の初期状態とは全く違う位置関係に行き着く。

軌跡は往きの軌跡と全く同じになります。この計算は球の数をどんどん増やしても原理的には成り立ちそうです。ただ，実際の球は転がりながら動いて行くし，床との間に摩擦がありますからこのように計算通りにはならない可能性はあります。しかしこれを宇宙船内の無重力空間でやるビー玉の衝突実験のシミュレーションと考えれば，

許されそうです。

　しかし問題は無数の粒子が衝突を繰り返しながら散らばったとき，ある時刻にそれらを一斉に止めて，各粒子に正確に同じ大きさの逆向き速度を与えて戻らせるというような作業を自然が行うとは思えないことです。さらにもう一つの問題は分子レベルのミクロな大きさの粒子では，温度環境下にあることによる熱運動の効果を避けることができないことです。物体が温度をもつということは，それを構成する分子が熱運動をしていることであって，たとえば，水がもつ熱エネルギーは水分子の運動エネルギーを合計したものですから，マクロ的には静止して見える常温の水も各分子はかなりの速さでぶつかりあっています。そのような激しい運動をするたくさんの水分子の中にいると，インクの微粒子もゆさぶられて本来の位置や速度が変えられるため，ニュートンの運動方程式が規定する筋書き通りにはならなくなるのです。

　そのことを示すために，図 13−1（b）での球Ｃの初期位置と初期速度をそれぞれ次のように少しだけ変えて計算を実行してみました。

図 13−1 (b) で使った値　　　図 13−1 (c) で使った値

Cの初期位置：

　　($x=10.52$,　$y=7.00$)　　→　　($x=10.52$,　$y=7.02$)

Cの初期速度：

　($v_x=-0.866$,　$v_y=-0.50$)　→　　($v_x=-0.866$,　$v_y=-0.48$)

　その結果は図 13−1 (c) に示すように (b) の場合とはかなり違った様相になりました。一番大きな違いは，BがAと衝突することなく脇を通り過ぎ，そのためAは最後まで止まったままになるということです。このような多粒子衝突系で，たった一つの粒子の初期値のほんのわずかなずれから全体の定性的な違いが生まれるのは，多重衝突によってずれが増幅されるからです。ましてすべての粒子が熱でゆらいでいる場合，効果はもっと大きくなります。したがって「不可逆性」とは，ミクロな多粒子からなる系において熱ゆらぎと多重相互作用によって引き起こされる現象だといってよいのです。

確率過程論

　しかしこういう系では，不可逆性どころか「往きのプロセス」も図 13−1 (a) のように各粒子の軌跡が一義的に決まるわけではありません。水に垂らしたインクのコロイド粒子に仮に番号を付けたとしても熱ゆらぎがあるので，一つ一つの粒子についてそれが何秒後にどこにいるかを予測することはできません。

　できるのは，全体の粒子がどこにどんな確率で分布するかを予測

するだけです。ニュートン力学のように一つ一つの粒子の運動を追うのではなく，粒子全体の分布の変化を追うこの種の数学的手法は「確率過程論」と呼ばれ，20 世紀の中ごろから急速に発展した分野です。それはランダムに変動する物理量を取り扱えるだけでなく，株価や経済変動などの確率的事象を数学的に扱うための重要な手法にもなっています。

時間の矢

　上述の議論では可逆とか不可逆という言葉を，時間についての可逆，不可逆ではなく，現象が可逆的であるか不可逆的であるかという意味で考えてきました。受け取ったボールを投げ返す動作は，ボールをそれが飛んできたときの軌跡と同じ軌跡に沿って逆行させるものであって，時間そのものが逆行しているわけではありません。

　時間は現象を記述するための単なる媒介変数で，過去から未来へ連続的につながっていて逆転などするはずがないという生活実感に基づいています。これに対し，「なぜ時間は未来に向かってしか流れないのか」という疑問をもち，不可逆的な現象を時間の非対称性と関連づけて議論する立場があります。時間の一方向への流れをイギリスの天文学者 A. エディントンは「時間の矢」と表現しましたが，この「時間の矢」をめぐって多くの議論がなされました。

　ベルギーのノーベル賞科学者 I. プリゴジン [1][2] はこの問題について，熱力学的な系の挙動を記述するには，力学的決定論ではなく確率論的記述しかありえず，それには時間の非対称性，すなわち「時間は逆転しないものである」という立場に立つことが根本的に重要で

あると主張しています。

　また，「時間の矢」の問題は「時間とは何か」という哲学のテーマにもつながります。物理出身のSF作家橋元淳一郎氏は本書と同じPHPサイエンス・ワールド新書の『時間はなぜ取り戻せないのか』の中で，「生命の主体的意思（主観）が，時間の流れ（時間の矢）を生んでいる」と主張しています。時間とは本来，自然が備えているものではなく人間が生み出したものという主張は面白いけれど，難しい問題です。興味のある方はこの本の「読書案内」を見てください。

付録　物理量の大きさを実感する

　物理量にはいろいろなものがあり, 言葉はよく知っていても, その量を表す単位は知らないことが多いと思います。

　たとえば, エネルギーです。エネルギーが「ジュール」という単位で測られることは高校で物理を履修した人なら憶えているかもしれません。が, それにしてもエネルギーは目に見えないものですから, 1ジュールがどれくらいの量なのかは実感できない人が多いと思います。そこでいくつかの物理量を実感として理解していただくにはどうしたらいいだろうか, と考えました。実感として受け止めにくい物理量を, 身近なもので「感得」していただきたいと思ったのです。

　長さにしても重さにしても, 世界中でまちまちの単位が使われていました。そこで, 1960年国際的な条約機関である国際度量衡委員会が「国際単位系」というものを設定しました。これはフランス語の "LeSystème International d'Unitès" の頭文字をとって "SI単位系" と呼ばれています。そこで少なくとも科学, 産業, 教育, 貿易などの領域では, 世界共通のこの単位系を使おうということになったのです。

　SI単位系は, 長さ：メートル (m), 質量：キログラム (kg), 時間：秒 (s), 電流：アンペア (A) などを含む七つの基本単位と, それから派生したもので構築された「たくさんの組み立て単位」から成り立っています。ここでその細かな定義を述べるつもりはありません。力, エネルギー, 電流, 電力, 圧力 (気圧) など日常生活でよく

出会う物理量の大きさを実感として知っていただくことが狙いです。

　ただ, 基本単位である長さの単位は「センチメートル」でなく「メートル」で, また質量の単位は「グラム」でなく「キログラム」で定義されていますので, たとえば質量が数グラムの物を持ち上げるのに必要なエネルギーを計算するときでもキログラム単位に直して計算しなければならないことを知っておいてください。

力の単位：ニュートン（N）

　１Ｎの力とは「質量１kgの物体に働いたとき, 物体に$1\,m/s^2$の加速度を与える力」で定義されますが, これでは何のことかわからないでしょう。直観的には, **重さが100g（0.1kg）のミカンを手にもっているときに感じる力が１Ｎです。**

ミカンの質量（0.1kg）×重力の加速度（$9.8\,m/s^2$）＝0.98N
ですから, 体重60kgの人が床を押している力は600Ｎです。

エネルギーの単位：ジュール（J）

　１Ｎの力を受けている物体を力に逆らって１m移動させるのに必要なエネルギーが１Ｊです。ですから**１Ｊとは0.1kgのミカンを床から１mの高さまで持ち上げるのに必要なエネルギー**だと考えてください。また運動をしている物体は運動エネルギーをもっていて, 0.1kgのミカンが10m/sの速さで空中を飛んでいるときは５Ｊのエネルギーをもっています。エネルギーはこのような力学的エネルギーだけでなく, 電気エネルギーや熱

エネルギーの形でも存在し，互いに変換することができます。ただし，熱エネルギーはそのすべてを力学あるいは電気エネルギーに変えることはできません。

電力の単位：ワット（W）

ワットは電力の単位ですが，一般的には仕事率といって，単位時間当たりに消費されるエネルギー量の単位です。**1Wとは毎秒1Jのエネルギーを消費**することをいいますが，直観的に分かりにくいでしょう。そこで，**100Wの電球が消費する電力の100分の1**だと思ってください。100Wの電球といわれれば，実際には自宅になくても見当がつくのではないでしょうか。

電流の単位：アンペア（A）

電流の単位は基本単位なのでその定義は面倒くさいものです。そこで手っ取り早い理解として，上と同じく**100Wの電球を100Vの電源につないだときに電球内を流れている電流が1A**だと思ってください。ついでに次の関係

　　　　電力（W）＝電圧（V）×電流（A）

も憶えておくと便利です。

周波数の単位：ヘルツ（Hz）

交流の電圧・電流，電磁波それに音波の周波数の単位として使います。**日本は東日本では 50Hz，西日本では 60Hz の電源周波**

数が使用されています。ヒトの耳が聴きとれる**可聴周波数はだ
いたい 20Hz〜20kHz** です。

圧力（気圧）の単位：パスカル（Pa）

気体や液体から受ける力は，それをどれだけの面積で受けるか
によって負担が違います。そこで単位面積当たりの力，すなわち

$$力（N）÷面積（m^2）＝圧力（N/m^2）$$

の単位として，フランス 17 世紀の流体力学者の名にちなんだパ
スカル（Pa）という名称と記号が使われています。圧力の大きさ
は水中にでも潜らない限りあまり実感する機会がありませんが，
われわれは毎日 1 気圧の大気圧のもとで生活しています。それ
は地球を取り巻く空気の圧力で，760mm の高さの水銀柱がもたら
す圧力と同じです。そこで 1 気圧をパスカルで表すには，水銀の
密度 $1.36×10^4 kg/m^3$ に底面が $1 m^2$，高さが 0.76m の直方体
の体積を掛けて水銀の質量を出し，それに重力の加速度 9.8m/
s^2 を掛けて力の大きさにした後，底面の面積 $1 m^2$ で割ればよ
いことになります。すなわち

$1.36×10^4 （kg/m^3）×0.76 （m^3）×9.8 （m/s^2）÷1 （m^2）$
$＝101300 （Pa）$

とたいへん大きな数字になります。そこで気象庁は SI 単位系が
次頁の表で決めた 100 を表す接頭語「ヘクト（h）」を使って，**1
気圧を 1013 ヘクトパスカル（hPa）**と呼んでいます。

■大きな数と小さな数を表す記号の意味と読み方

　先の気圧の呼び方もそうですが，最近は科学や技術の進歩によって恐ろしく大きな数や小さな数が使われるようになりました。SI 単位系はそのような数を簡単に表現するために「接頭語」と呼ばれる記号や呼び方を設定しました。それを下の表にまとめておきます。

　最近よく聞く「ナノテク」とは 10 億分の 1 メートルの世界での分子や原子を制御する技術ですし，パソコン用語の 4 ギガバイトの USB フラッシュメモリとは 40 億バイトの容量をもつ記憶素子のことです。ご活用ください。

大きな数と小さな数の記号と読み方

大きな数			小さな数		
10^2（百）	h	ヘクト	10^{-2}	c	センチ
10^3（千）	k	キロ	10^{-3}	m	ミリ
10^6（百万）	M	メガ	10^{-6}	μ	マイクロ
10^9（十億）	G	ギガ	10^{-9}	n	ナノ
10^{12}（一兆）	T	テラ	10^{-12}	p	ピコ
10^{15}（千兆）	P	ペタ	10^{-15}	f	フェムト

参考文献

第2話

（1）W. ラルヘル著，佐伯敏郎・舘野正樹監訳『植物生態生理学』
シュプリンガー・ジャパン（1999）

第3話

（1）T. Kawakubo, K. Yamauchi and T. Kobayashi, Effects of
Magnetic Field on Metabolic Action in the Peripheral
Tissue, *Jpn J. Appl. phys.* 38 （1999）L1201

第4話

（1）httP://www.nhk.or.jp/darwin/program/program036.html

（2）嶋田忠『バシリクス　水上を走る忍者トカゲ』日経 BP（2008）

（2）S. Tonia Hsieh, Three-dimensional hindlimb kinematics of
water running in the plumed basilisk lizard, J. Exp. Biol.
206 （2003）4363

第5話

（1）朝永振一郎『鏡のなかの世界』みすず書房（1965）

（2）戸田盛和『物理と創造』岩波書店（2002）

（3）国府田隆夫，日本物理学会誌　62（2007）60

（4）多幡達夫，日本物理学会誌　62（2007）213

（5）高野陽太郎『鏡の中のミステリー』岩波書店（1997）

第6話

（1）R. Sekular and R. Blake, "*Perception*", Alfred A. Knopf, Inc.（1985）

（2）村上元彦『どうしてものが見えるのか』岩波新書（1995）

第8話

（1）北原和夫・田中豊一編『生命現象と物理学』朝倉書店（1994）

第10話

（1）川久保達之，日本物理学会誌　36（1981）831

（2）A. H. Shapiro, Bath-tub Vortex, *Nature* 196（1962）1080

（3）S. Shingubara, K. Hagiwara, R. Fukushima and T. Kawakubo, Vortices around a Sinkhole: Phase Diagram for One-Celled and Two-Celled Vortices, *J. Phys. Soc. Jpn.* 57（1988）88

（4）田中大介，水島二郎，木田重雄，バスタブ渦の起源，数理解析研究所講究録　1406（2004）166

第11話

（1）川久保達之「発振の臨界点近傍におけるゆらぎ」，応用物理　42（1973）905

（2）T. Kawakubo and S. Kabashima, Stochastic Processes in

Self-Excited Oscillation, J. Phys. Soc. Jpn 37 (1974) 1199

第 12 話

（1）福岡伸一『動的平衡』木楽舎（2009）

（2）柳田敏雄『生物分子モーター』岩波書店（2002）

（3）T. Kawakubo, O.Okada and T. Minami, Dynamical conformational change due to the ATP hydrolysis in the motor domain of myosin: 10-ns molecular dynamics simulations, *Biophys. Chem.* 141 （2009）75

（4）石渡信一編『生体分子モーターの仕組み』日本生物物理学会/シリーズ・ニューバイオフィジックス刊行会編　共立出版(1997)

第 13 話

（1）I.プリゴジン著, 小出昭一郎・安孫子誠也訳『存在から発展へ』みすず書房（1984）

（2）I.プリゴジン, I. スタンジェール著, 伏見康治・伏見譲・松枝秀明訳『混沌からの秩序』みすず書房（1987）

あとがき

　日常見たり聞いたりする現象をなぜだと思うことから始めて，物理的に物事を考えるとはどういうことか，文系の人にも多少は共感してもらえることを念頭におきながら書き進めてきたつもりですが，出来上がったものはいかにも生硬で独りよがりな箇所が目につく本になりました。体系化された物理学の王道には乗りにくいテーマを選んでいるので，全体としては脈絡のない話の寄せ集めになったのは致し方ないとしても結局はいたるところで物理に慣れ親しんだ人たちだけに通じる術語や数式を持ち出すことが多くなりました。その意味では当初の意図が果たされているかどうか疑問です。

　しかしながら本書を執筆したもう一つの動機として，理系に進もうとしている若い人たちの間ですら近年特に物理に対する関心が薄れているのは，物理学がそれ自身の確立された領域内での問題の精密化に追われていて，彼らに日常経験する現象への好奇心を呼び起こさせる努力が足りないからではないかという思いがあります。

　現代文明はその根拠の多くを力学，電磁気学，量子力学さらにはそれらの個別領域への展開である原子核物理学あるいは物性物理学などに負っています。しかしこれらの物理学が厳密に扱える対象の多くは系内に一時的に物質やエネルギーの流れが生じても最終的には流れの止まった平衡状態になる系です。これに対して本書の第10，11，12話で取り上げた現象はどれも「非平衡開放系」と呼ばれ，その中へ絶えず物質やエネルギーを取り込むことによって新たな「相」

が自発的に現れる現象です。

　非平衡開放系の物理学は1970年代以降，レーザーの発振，振動する化学反応系，特異な構造をもつ熱対流などを対象にして研究が盛んに行われるようになりました。それらの現象に共通するプロセスはミクロなゆらぎが協働しあってマクロなダイナミックスを発現する形をとっています。物質やエネルギーを取り込んで自己形成や機能を発現するという意味では生体系も紛れのない非平衡開放系であって，これでいよいよ物理学が「生きているとはどういうことか」という難問に迫れるとの期待が高まった時期もありました。

　しかし生き物をレーザーと同列に考えても少しも解ったという気にはなりません。生物は個体，器官，細胞，超分子，分子というような階層構造からなる壮大なシステムで，各階層はそれぞれのレベルに応じた機能を発現して一つ上の階層を下から支えています。「生きている」という現象はその切り取り方によって多様な側面を顕わにするもので，一つの一般的原理で説明できるものではなさそうです。それは「テレビはなぜ遠くのものを映し出せるのか」「自動車はどうやって動くのか」という質問に一言で答えられないのと同じです。

　本書は題名を『物理学はまだこんなことがわかっていない』としながら，かなりの部分を生物の話にあてました。それはジャンルとして生命現象に属していてもその素過程は物理的あるいは化学的に解明されるべきことが数多くあると思っているからです。それと同時に物理的に考えるとはどういうことかも個々の話題を通して訴えてきたつもりです。ただ，生体系の機能発現を調べていると，どうしてこんなに上手い仕掛けになっているのだろうかと物理学者の単純な頭

には不思議に思えることがあります。生物学者に言わせれば，それは長い進化の試行錯誤の過程の中で，環境に順応できるようなDNAをもつ個体だけが生き残った結果であるということになりましょう。

　進化の過程はともかくとして，現実に生存する生体では，分子レベルにおけるエネルギーとしては非常に小さな刺激あるいはシグナルが出発点となって，最終的には目的に適った機能が発現されている場合が多いようです。

　たとえば，ATPの加水分解がミオシンフィラメントとアクチンフィラメントの滑り運動を引き起こし，果ては筋肉を収縮させるのがその例ですし，薬剤も薬剤分子が細胞内へ取り込まれることが鍵となって最終的な薬剤効果の発現につながるようです。

　それはアパートの駐車場の入口で契約カードを差し込むという情報の提示だけで，そのシグナルがもととなって電力増幅がなされ，重い遮断機を開かせるのに似ています。遮断機は人工物ですからそのメカニズムは完全に解っていますが，生命体の場合は，ミクロなシグナルがシステム全体のマクロな変化に発展していくメカニズムを解明することがこれからの課題です。そこにはもはや物理，化学，生物といった境目はなく，情報科学や工学的発想も取り込んだ総合科学が必要です。そんな訳で物理学がやらなければならないことにも，まだ解らないことがいくらでもあります。若い人たちが関心をもって挑戦してくれたら嬉しい限りです。

　本書で取り上げた問題はその多くがこれまで私が携わってきた研究テーマで，その内容はそれぞれの時代に研究を共にした共同研究者や学生諸君に負っています。そのお名前を一々記しませんが，この

場をかりてそれらの方々に深く感謝いたします。

　また本書の執筆を薦めてくださった，東京工業大学名誉教授志賀浩二先生ならびに遅筆の筆者を辛抱強く支援して編集の労をとられた水野寛氏に厚くお礼を申し上げます。

　　2010 年 11 月 30 日

川久保　達之

著者略歴

川久保　達之

（かわくぼ・たつゆき）

1932 年生まれ。

東京大学理学部物理学科卒業。

東京工業大学大学院理工学研究科物理学専攻博士課程修了。

最初は半導体の電気伝導度がある温度で急に変わる相転移の研究を
していたが、1970 年以後は、各種の発振現象や自律的に成長する流
体の運動、さらには生物の機能に関わる問題など、いろいろな問題に
興味をもち、広範囲の研究を行ってきた。

東京工業大学名誉教授。

桐蔭横浜大学終身教授。

応用物理学会会長（1992－94 年）。

著書には

『物性論』（朝倉書店）、

『ゆらぎの科学』（共著、森北出版）、

『生命現象と物理学』（共著、朝倉書店）
などがある。

物理学はまだこんなことが
わかっていない

| 2023年10月31日発行 | 著　者 | **川久保達之** |
| | 発行者 | **向田翔一** |

発行所　　株式会社 22 世紀アート
　　　　　〒103-0007
　　　　　東京都中央区日本橋浜町 3-23-1-5F
　　　　　電話　03-5941-9774
　　　　　Email: info@22art.net　ホームページ：www.22art.net

発売元　　株式会社日興企画
　　　　　〒104-0032
　　　　　東京都中央区八丁堀 4-11-10 第 2SS ビル 6F
　　　　　電話　03-6262-8127
　　　　　Email: support@nikko-kikaku.com
　　　　　ホームページ：https://nikko-kikaku.com/

印刷
製本　　　株式会社 PUBFUN

ISBN : 978-4-88877-269-3